環境経営の実践マニュアル

——ISO14001からゼロエミッションまで——

山路敬三

目次

環境経営の実践マニュアル

環境経営とは、地球環境を意識した経営、地球環境を配慮した経営という意味です。英語ではEnvironment Conscious Managementと言います。

本稿では企業や自治体やＮＰＯなど、いろいろの組織体が環境経営を実施する際に、どんな順序で進めたらいいか、どんなポイントを逃さないようにしたらよいかなど、主として製造業を例に挙げながら話したいと思います。

1　環境経営の必要条件

どんな組織でも、環境経営を成功させるには、まず次の三つのポイントを逃してはいけないと思います。それは、ＩＳＯ１４００１の認証取得とゼロエミッション(ＺＥ)の実行と、もう一つは情報の公開です。私はこの三つを、環境経営を成功させるための必要条件と言っています。

ＩＳＯ１４００１というのは、環境マネジメントシステムに関する国際規格です。詳しくはまた後程話しますが、ＩＳＯ１４００１というのは、一言で言えば「トップの意志の表明とそれを実現する仕組みの提供」と言うことができます。何事であれ、一つの組織が新しいことに取り組むには、まず最高経営者が明確な決意を述べ、確固たる方針を示すことが必要です。環境経営という、今までに経験したことのないものの場合には、なおさらです。心配している人を安心させ、迷っている人の心を決めさせるには、トップの明確な意思の表明が何よりも必要です。しかし、トップの成すべきことはもう一つあるのです。それは、表明された意思を実行するための仕組みをつくることです。キーとなる人と組織を決め、それに責任と権限を与えることなどです。

こうして、ＩＳＯ１４００１に従うマネジメントシステムが完成しますが、それだけでは実際の環境負荷が良くなるわけではありません。ここにゼロエミッションが必要となるわけです。ゼロエミッションは、環境改善の目標を実現するための指導原則とベストプラクティスを提供してくれるのです。ベストプラクティスというのは、早い話、いちばんいい実例ということです。自分のところの問題解決に近い実例を勉強し、それを自分の場合にいちばん合うように改善して、実行するのです。その際の方向性、つまり基本的なガイドラインもゼロエミッションは提供してくれます。

トップの目標が定まり、これに対する挑戦がなされたら、次に必要なことは情報の公開です。目標と実績を公表することは、組織のトップが自らの決意と良心を社会に示すことになります。つまり、トップは背水の陣の覚悟で事に当たっていくことが大切です。

2　製造業における環境経営のポジションマップ

以上、環境経営の成功の必要条件として「ＩＳＯ１４００１＋ＺＥ＋情報公開」ということを強調しましたが、次にこれをもっと細かく分解してみましょう。

図1(巻末綴じ込み)は、環境経営をどんな手順で進めたらよいかを、見やすく一つの表にまとめたものです。まずいちばん上の横の段を見てください。環境経営の五つの段階(ｐｈａｓｅ)が、左から順に並べてあります。いちばん左のｐｈａｓｅ・Ⅰ初期段階からはじまり、ｐｈａｓｅ・Ⅱの工場・事業所段階、ｐｈａｓｅ・Ⅲの全社段階に進み、ｐｈａｓｅ・Ⅳの発展段階を経て、ｐｈａｓｅ・Ⅴの統合段階に進む、というのが私の考える環境経営の進め方です。

次にいちばん左の縦の段を見てください。ここには、環境対応の三つの段階が区分されています。まず第一は、強制的対応です。つまり、環境規制があるからこれに従うという段階です。次は自発的対応です。規制がなくても自発的にやろう、という段階です。これも二つに分かれます。初めは企業内での対応、次は企業外への対応、つまり社会的対応です。

縦、横をこのように分けて線を引くと、たくさんの桝目ができます。さらにｐｈａｓｅ・Ⅱとｐｈａｓｅ・Ⅲは、環境経営にとって最も重要なので、それぞれを前段階と後段階に分けます。こうすると、環境経営についての各ｐｈａｓｅの特徴を記入する欄を加えて、01から28の桝目ができます。
以上の説明からすぐ分かるように、環境経営は、桝目の左上02から右下桝目の28に向かって進むことになります。

3 phase・I 初期段階

まず初期段階から説明します。この段階は、環境法規があるから行動する、という段階です。したがって、中心になるのは環境法務活動です。企業を誤りなく経営して行くためには、いろいろな法律や規則に従わなければなりません。もし従わないと、それは非合法取引などとして罰せられることになります。

環境問題についても、たくさんの法規があります。はじめは有害物質の規制や公害防止が中心でしたが、それが廃棄物の規制になり、最近では各種リサイクル法の施行となりました。自社の活動に関係する法規をすべて洗い出した上で、企業活動に法規遵守のガイドラインを与えることが大切です。

私がキヤノンにいた時には、社長直轄で製品法務委員会という組織を設け、製品のライフサイクルのすべてにわたって、関係する内外の法規を遵守するためのガイドラインをつくり、社員に徹底した教育を行いました（01）。

環境経営においても、環境関連の法規を守らせることが出発点です（02）。次に、この段階での自発的行動としては、企業内ではＱＣサークルの活動の中で省エネ、省資源を行ったり（03）、社会的には工場や事業所のまわりで自然の美化活動に参加するなど、もっぱら社員のボランタリー活動に頼る段階です（04）。

4 ｐｈａｓｅ・Ⅱ 工場・事業所段階(前段階)

4.1 環境マネジメントシステムの導入（05）

ｐｈａｓｅ・Ⅱは本格的な環境活動の第一歩です。まず前段階として環境マネジメントシステムを導入します（07）。工場でＩＳＯ１４００１に従って環境マネジメントシステムを構築し、外部機関による審査を受け、認証を取得することになります。

この段階で、はっきりと掴んでおかなければならないことは、第一に組織内にＩＳＯ１４００１にのっとったマネジメントシステムを作り上げることの重要性ですが、それ以上に重要なことは、そのシステムを維持し、継続的に改善していくことだ、ということです。このシステムを作り上げる過程で、①自社の環境に関する問題点を自覚することができる、そして、②それを改善する、というトップの強い意志が宣言されます。さらに、③実行に当たっての組織と人が明確に定まります。その際、責任と権限が明確になります。④また、問題を解決するための手続きが明文化されます。⑤環境に関係したすべての文書が、明確に分類・保管されます。⑥外部への情報開示の手続きも明確にされます。

その結果、責任者や担当者が代わっても、マネジメントは同じように行われ、水準が下がるようなことがありません。そのうえ、毎年定期的にこのシステムがうまく動いているかどうか内部監査(サーベイランス)が行われますので、このシステムは継続的に改善されていくはずです。

このように説明すると、このシステムをつくって運営していれば、なにも外部機関の審査を受けて認証をもらわなくてもいいのではないか、と思われるかもしれません。しかし、私がある審査機関の長として経験したところによると、実際はなかなか、そううまくはいかないようです。特に内部での監査は、どうしても甘くなりがちです。また心のゆるみというのも起こりがちです。審査を受け、認証登録がされた企業でも、内部監査の甘いところが目立ちます。監査日程がずれ込む、監査項目が足りない、不適合項目の指摘が甘い、不適合の原因の究明が甘い(「ついうっかり」で原因究明が止まっているなど)、改善の処置が再発防止になっていない、水平展開(似たような不適合が他のところでも起きないかのチェック)がされていない、もっと悪質なのは、経営者によるチェックが不十分である、行われていない、行われた証拠がない等々、外部監査があって、はじめて継続的改善が計れるのではないか、と思います。

外部監査では、一つ一つの不適合点だけでなく、企業の体質についても厳しく指摘します。審査員だけでなく、審査結果の判定委員会も一体になっての監査が行われます。したがって、毎年決まった時期の外部監査、これがその企業の環境経営の基本を正し、お墨付きを与えることになるのではないかと思います。

ここ数年の間に、いろいろ会社の工場が品質問題で事故を起こしていますが、これらの会社は、いずれもISO9001および9002による品質システムの外部認証を得ていないことに注目する必要があります。品質と環境との違いはありますが、ことは同じと考えるからです。

ISO14001の認証取得は、急激に拡大しています。製造業では大企業ではじまり、中小企業に及んできています。製造業だけでなく、金融、保険、商業、医療、介護などサービス業から、地方自治体、中央官庁にも及んできています。

後でも説明しますが、ISOの認証取得は、グリーン購買の一つの条件となり、取引き先、入札者選定の大きな条件となってきました。以前は、ヨーロッパに輸出する際のパスポート(要件)とされてきたのですが、最近では国内取引の要件となってきています。

ISO14001の取得と並行して、社員への環境教育を始めます。ことが環境ですから、社員に対しては新しい技術教育が必要ですが、それと同時に方法論やマインドの教育も大切です。この点では、後に詳述しますが、QC教育と同様の手法が役立ちます(07)。

4.2 基準以上の目標を自主的に立てる

この段階になると、環境規制への対応についても、基準以上の目標を自主的に立てて、それに向かって進むことになります。なぜなら、基準は最低線を示すものだからです（06）。またボランタリーな活動として、地域との連係活動をはじめます。なぜなら、工場または事業所で発生する環境負荷は、地域に最も大きな影響を与えるものだからです。工場または事業所の実体は、率直に地域自治体および住民に伝えるべきです。問題が起きてからでは遅すぎます。さらに、工場または事業所は、地域の自然回復活動や環境ＮＰＯ活動に協力するようにします（08）。

5 phase・Ⅱ 工場・事業所段階(後段階)

5.1 ゼロエミッション活動の導入

この段階のメインテーマは、ゼロエミッション活動の導入です（09）。ゼロエミッションとは、限りなくエミッション(発散)ゼロを狙う活動です。資源・エネルギーで発散してなくなってしまうものを、できるだけゼロにしようとする活動です。エネルギーが発散したり、資源が廃棄・排出物として使えないものになり、消えてしまうことをできるだけなくそう、という活動です。

ゼロエミッションというコンセプトは、一九九四年に日本に本部のある国際連合大学で謳われた、したがって日本発のコンセプトです。日本人はゼロという言葉が好きです。品質管理で不良品ゼロを意味するゼロデフェクトも、生産性で使われる在庫ゼロを表わすゼロインベントリーも、日本で生まれたコンセプトです。日本で生まれた第三のゼロコンセプトが、ゼロエミッションです。

私どもはゼロエミッションを目指して進みたいと思います。なぜなら、それはサステイナブルな社会の実現を目指すものだからです。

5.2 ゼロエミッションの行動形式（09）

それでは、ゼロエミッションをどう進めたらいいのでしょうか。私どもはゼロエミッションを進めるに当たって、いつも次の五つの行動形式に従いたいと思います。

(1) 第一は時の流れに一歩先行することです。

それによって私どもは環境活動の道しるべとなっていきたいと考えます。たとえば、私どもが今やっていること、またはやろうとしていることを話しましょう。昨年までに、わが国では、循環型社会基本法や各種リサイクル法が制定され、産業界は一斉にリサイクルの道を歩き始めました。放っておいても、この流れは進んでいくでしょう。環境問題における次のステップを、私どもは

①集中型から分散型へ

②資源からエネルギーへ

と考えます。つまり第一に、広域で発生した廃棄物を一か所に集めて集中処理することから、地域で発生した廃棄物は、できるだけその地域で処理する分散型の体制が次のテーマになると考え

ます。また第二には、いくら循環型といってもエネルギーの循環はできないので、生物資源が次の課題になると考えます。そこで現在、私どもは、

①地方での講演会を各地で開いています。

また、

②今年(二〇〇一年)、秋のゼロエミッションシンポジウム2001のメインテーマを「ゼロエミッション経済と生物資源の利用」としました。

(2) 第二は、高い目標を掲げることです。

完全なゼロエミッションを達成するには、無限大のエネルギーがいると言われています。私どももそのことはよく承知しています。私どものゼロエミッションの真の狙いは、目標を高くして、技術や方法論の限界を究めようということなのです。

(3) 第三は、組織の枠、地域の枠、産、学、地域間の枠、学説の枠などあらゆる枠にとらわれないことです。

われわれは、地球環境の改善のために力を尽くす人は、みんな仲間であると考えます。環境問題を論じる時、いろいろな流派があります。

スウェーデンには、ナチュラルステップがあります。これは、四つのシステム条件を守ることを基本にします。四つのシステム条件とは、簡単に言うと、

①地下資源を掘りすぎない

②自然界にない物質を増やさない
③自然の循環と多様性を支える基盤を守る
④効率的に資源を使い、公平に資源を配分する

この四つのシステム条件をベースに、いろいろな環境問題に対処するものです。

また、ドイツにはファクター10があります。これは、世界資源の八〇%を二〇%の先進国人口で使っている、という事実から、資源生産性を10倍に高めることによって、資源の節約と途上国への公正な分配を得ようとするものです。

アメリカには、インダストリアル エコロジーがあります。これは資源生産性、資源効率の向上を行おうとするものです。

ゼロエミッションでは、今必要としている環境問題の解決には、それにいちばん役に立つ手法を使うことをすすめます。こういった手法というのは、概して、ある問題解決には向いているが、他の問題の解決には向いていないといったものだからです。問題、問題に応じて最適の手法を利用すればいいのです。

(4) 第四は、ベストプラクティスを積み上げること、

そして、

(5) 第五は、ベンチマーキングにより実践すること、です。

ゼロエミッションでは、問題解決のいろいろな実例を積み上げておきます。問題の解決者は、

自分の問題にもっとも近いベストプラクティスを真似ることです。自分の問題に完全にフィットするように改善を加えるのもいいでしょう。そしてできあがった解答は、またゼロエミッションの中に積み上げて、次の人の参考にしたい、と考えます。

5.3 ゼロエミッションフォーラムの結成と活動（09）

以上のようなゼロエミッションの行動形式を、もっとも効率よく行うには、フォーラム形式がよいと考えられます。フォーラムの中でメンバーが互いに与え合い、求め合うのです。そこで私どもは、昨二〇〇〇年の四月二〇日に国連大学ゼロエミッションフォーラムを発足させました。

このフォーラムは、産業界と学界と自治体の三つのネットワークから構成されています。産業界の責任者と学界の先生方と自治体の責任者の方々が、一緒になって環境問題解決に取り組めば、大半の環境問題解決の少なくとも糸口が掴めると考えたのです。

ところがこの三つのグループの方々は案外面識がないことが多いのです。そこで一つのテーマを議論するために集まってもらい、その後で懇談の機会を設ければ、お互いに面識を持ってもらえるのではないか、そしてこれが産、学、自治体の協力の第一歩になるはずだと考え、これを実現するためにフォーラムの結成に至ったのです。

まとめて言うと、

(1) お互いを知り合うこと（名刺交換から始まって）

(2) 互いに情報を交換すること(廃棄物情報とリサイクル技術情報など)
(3) それにより、ニーズとシーズを知ること(研究テーマも浮かび上がってくる)
(4) 互いに協力して問題解決に当たる

となります。

私どもは、このようなゼロエミッションフォーラムをまず日本全国で普及させ、日本における環境改善の先導役を果たしたいと思います。さらには、このフォーラムの支部を他の国々にも作って、世界的なインフラストラクチャーにして行きたい、と思っています。

5.4 ゼロエミッション社会における資源とエネルギーのゆくえ(09)

今、わが国では、循環型社会の建設ということが大命題になっています。大量生産、大量消費、大量廃棄の社会から脱却するために、リデュース、リユース、リサイクルを旗印にして運動が展開されています。そして循環型社会が、われわれの目指す持続可能な社会であると信じているようです。果たしてそうでしょうか。私どもは、まず究極の社会の姿を冷徹な目で見つめておく必要があります。

第一に、完全なリサイクルはできないということです。

廃棄物の中には、リサイクルのできない状態になっている部分があります。回収過程での分散、紛失もあります。元と同じ品質には戻らないなど、いろいろな理由はありますが、一〇〇%元の

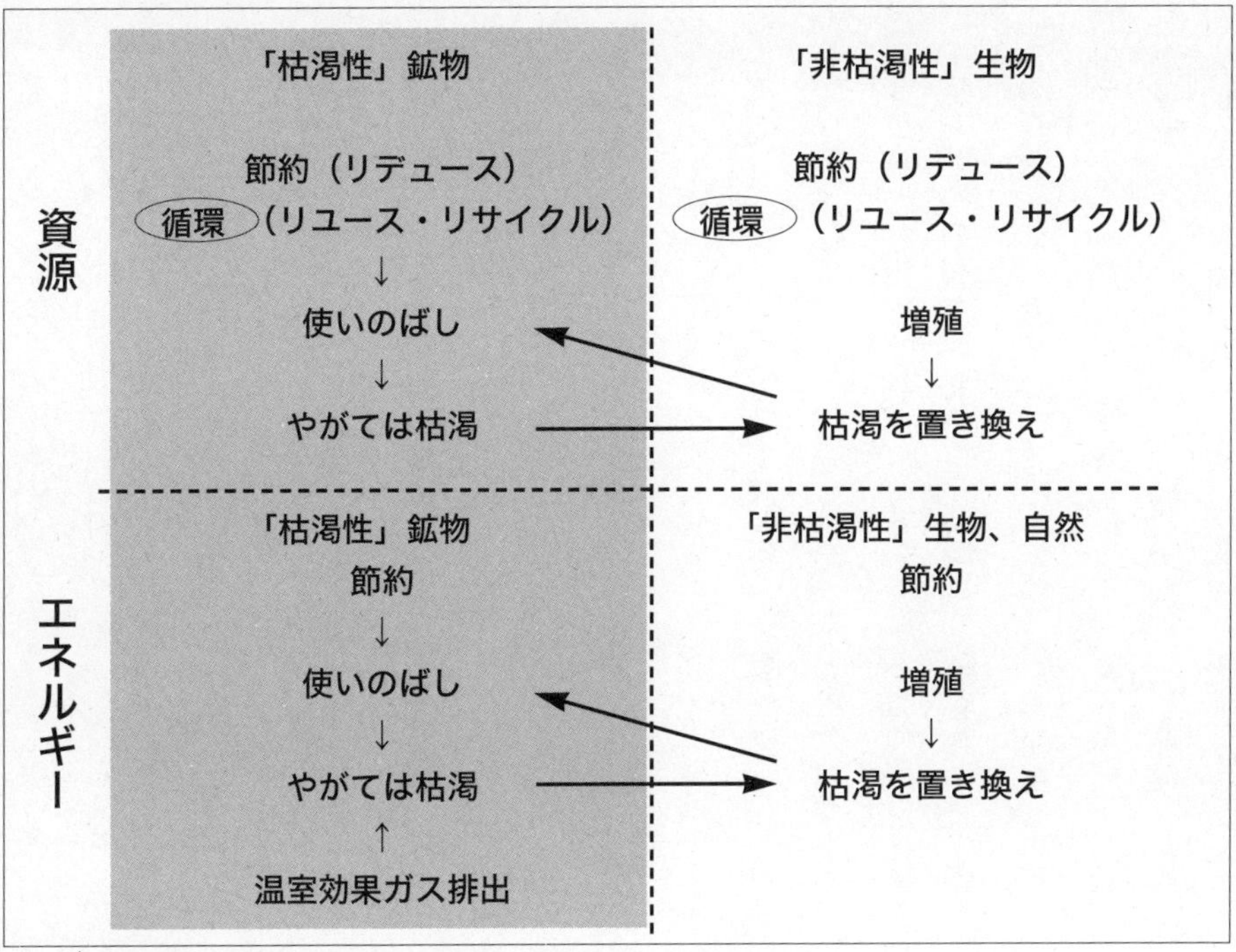

図2　ＺＥ社会における資源とエネルギーのゆくえ

材料に戻ることはないし、永久にリサイクルを繰り返すこともできません。

第二に、燃焼によって物質から完全にエネルギーを取り出したときには、もはやリサイクルはできません。

図2は、ゼロエミッション社会における資源とエネルギーのゆくえを辿ったものです。資源にも、エネルギーにも、再生不能(枯渇性)なものと再生可能(非枯渇性)なものがあります。そこで、中央に縦、横、十字の線を引いて横の線の上を資源、下をエネルギーとし、縦の線の左を再生不能

(枯渇性)、右を再生可能(非枯渇性)なものに分けます。

左上は、有限な枯渇性資源、つまり地下資源(鉱物資源)の枡です。鉱物資源は、その使用に際しては節約(リデュース)され、循環(つまりリユース、リサイクル)されなければなりません。これによって地下資源をくいのばすことができますが、完全なリサイクルを何回も何回もすることはできませんから、やがてはなくなってしまいます。

これに対し、右上の再生可能(非枯渇性)な資源、つまり生物資源は自然の営み、あるいは人工的な試みによって再生させ、増殖することもできます。再生には時間とエネルギーがかかりますから、これもできるだけ節約(リデュース)し、循環(リユース、リサイクル)させるべきです。

今度は、左下の有限な枯渇性エネルギーに注目しましょう。これは化石燃料で代表されます。エネルギーは、一度使用してしまうとリサイクルはできません。したがって、化石燃料の場合には、節約(リデュース)あるのみです。これによってくいのばしをするわけですが、有限ですからやがては枯渇してしまいます。枯渇するときを待つまでもなく、化石エネルギーは、使用すると温室効果ガスを排出するので、その面からも使用停止にされる可能性があります。

一方、右下は非枯渇性(再生可能)エネルギー、つまり生物エネルギーや太陽、風力、水力、地熱等の自然エネルギーの場所です。これらの使用に当たっても、節約(リデュース)することは当然ですが、この場合には積極的に増殖することができます。生物の場合には、森林やバイオマス畑の増殖、自然の場合には、発電システムの増設です。

そして、非枯渇系の大きな役割は、枯渇系のくいのばしのために枯渇系の代替えを早くから積極的にやってやること、枯渇系が本当に消滅する段階になったら、完全に枯渇系を置き換えることです。つまり、リサイクルを一生懸命行って枯渇系資源・エネルギーの消滅の時期を遅らすこと、本当に消滅の時期が来るまでに非枯渇系への置き換えを行っておくことです。二一〇〇年にもなると、世の中は生物資源と生物エネルギー、自然エネルギーだけで高い文明を維持するようになるでしょう。私どもは、こうなることを覚悟して行動することが大切と思います。

5.5 ゼロエミッション社会における資源・エネルギーの利用（09）

ゼロエミッション実現のための六つの行動原則は、本ブックレットシリーズの中で三橋規宏氏がまとめていますが、ここではその中の資源・エネルギーの利用について、ゼロエミッション社会になったときには、どのような点に注意していけばよいかを前節に基づいてまとめてみました。

(1)「renewable material（再生可能または非枯渇性材料）（生物資源）は維持され、自然のバランスに従って増殖され、効率よく活用され、あるいはnon renewable material（再生不能または枯渇性材料）の代替をし、効率よく循環、再利用が繰り返され、最後に自然に戻される」

再生可能材料、つまり生物資源の質と量は、まず少なくとも現状が維持されなければなりません。さらに増殖するときには、自然のバランスを崩さないようにしなければならないのです。たとえば、杉の植林は簡単で、放っておいても真っ直ぐ育ってくれるからといって、ゴルフ場でコースのしきりに自然のバランスを考えずに増殖すると、花粉症のようなことが起きるということです。

次の「効率よく活用され」ということは、世の中が真に必要とするものを必要とする数量だけ、最少の材料と最少のエネルギーで作り出す、ということです。「効率よく、循環、再利用が繰り返され」というのも同じ意味です。

(2)「non renewable material(再生不能または枯渇性材料)は、効率よく活用された後、地上資源として温存され、最も必要とされるところへの、効率よい循環、再利用が続けられ、最後に自然に戻される」

「地上資源として温存され」というところの意味は、次のとおりです。効率よく活用された後の廃棄物は、地上にある大切な資源と見ることができます。まだニーズも十分定まらない製品にあわててリサイクルされた結果、やはり使われないで捨ててしまわれたら、材料、エネルギーの無駄遣いをしたことになります。またニーズは、はっきり存在するが、技術が未熟なために、リサイクル時の消費エネルギーやコストが、新材料から製造された場合のそれより大きかったり、高かったりしたら、これまたリサイクルの無駄働きということになります。有効なニーズが見つかるまで、コストや消費エネルギーが新材料から作ったものより優れるような技術が見つかるまで、地上資源として保管しておくことが大切です。

(3)「renewable energy(再生可能または非枯渇性エネルギー)は、自然のバランスを崩すことなく積極的に活用される」

生物エネルギー、自然エネルギー(太陽、風力、地熱、水力など)が、このジャンルのエネルギーです。将来、化石エネルギーのような炭素を燃焼させて得るエネルギーがなくなってしまい、残るものは原子力エネルギーということになると、生物、自然エネルギーの活用は大変重要なものになります。もう一ついいことに、これらのエネルギーはエネルギー源が国内で得られるものであることです。

エネルギーの自立は、世界の人口が増え、途上国の発展が著しいことを考えると、日本にとって極めて重要なことです。しかも日本列島は、南北に連なっており、いろいろな種類の生物エネルギー、自然エネルギーが使えるのです。しかし、その使い方を間違えないこと、自然のバランスを崩してはいけない、ということに注意します。たとえば太陽電池をたくさん並べれば発電所の代わりができるからといって、二キロメートル四方の草原に太陽電池を並べてみたらどうなるでしょう。その下の草原には太陽光は射さないし、雨水もしみ込まなくなり、砂漠となってしまうでしょう。このような自然破壊をしてはいけないということです。

(4)「non renewable energy (再生不能または枯渇性エネルギー)は、できるだけその使用が節減され、使用される場合には、最も効率よく利用され、renewable energyへの置き換えが積極的に図られる」

このジャンルのエネルギーが枯渇してしまわないように、できるだけ使わないことが基本ですが、使う場合には、本当に必要とする場合に効率よく使われるべきでしょう。再生可能エネルギーで用が済むようなところには、なるべく使わないことがいいと思います。たとえば航空機のジェット燃料としては使うけれども、自動車の燃料としては使わない、発電のためには使わない、などでしょう。

5.6 ゼロエミッション工場（11）

phase・IIの前段階では、ISO14001の認定を取得したので、後段階の主要目標はゼロエミッション活動の導入でした。5.1から5.5節で、私はゼロエミッション活動についていろいろな観点からご紹介してきました。いよいよ企業がボランタリー活動としてゼロエミッション工場を狙う段階です。

ゼロエミッションという言葉は語呂がいいので、今ではみなさんが使うようになりました。ゼロエミッション工場という言葉も、新聞紙上でよく見かけるようになりました。いろんな会社のいろんな工場がゼロエミッションを目指すとか、ゼロエミッション工場になったとか、誇らしげに使っています。ゼロエミッションの言葉の意味をどう使われようと、環境改善の目標として使っているかぎり私どもはむずかしいことを言うつもりはありません。声援を送りたい気持ちです。

一方、何を以ってゼロエミッションというのか、何を目標としたらいいのか、という質問も数多く寄せられます。確かに目標がはっきりしないと腰が定まらないと思います。そこで、私どもはゼロエミッションの目標として四つのステージをあげてみました。

(1)　ステージ1

まずゼロエミッション工場(事業所)のステージ1の目標ですが、ここではその工場で出される総廃棄物に注目します。総廃棄物とは、製造にまつわる廃棄物と、事務、生活にまつわる廃棄物のすべてを指します。そしてステージ1の目標は、その工場の総廃棄物の埋立ゼロを達成するということです。もちろんその際には、埋立と関係ないような排煙、排水等の浄化処理が完全に実施できている、ということが前提です。

(2)　ステージ2

次にステージ2では、非枯渇性の資源とエネルギーの利用に着目します。つまり、生物資源の利用率の向上と、生物エネルギーおよび自然エネルギー利用率の向上、こういった行動に一定の成果を持つことです。たとえば、工場における一部のプロセスに使用する材料やエネルギーを非枯渇性のものに置き換えることです。

(3)　ステージ3

ステージ3ではエネルギーに着目します。目標は、化石エネルギー使用ゼロ工場づくりです。燃料電池の導入、生物、自然エネルギーの導入等でこれを達成することです。

(4)　ステージ4

ステージ4では資源に着目します。枯渇性資源の使用ゼロの工場づくりです。工場の建物も設備も使用材料もすべて生物資源にすることです。はじめは、単純な製品をつくる単純な設備の工場からになるかもしれません。

5.7 ゼロエミッション工場の実現（11）

ゼロエミッション工場の成功例は、続々と名乗りをあげて発表されていますが、全体を通して見ると、重要なポイントは

(1) 徹底した分別回収と

(2) リサイクル技術の研究

に成功することのようです。そして、これらに成功するためにはTQC(トータル・クオリティ・コントロール)やTPM(トータル・プロダクティビティ・マネジメント)で培った全員参加の活動が、ここでもキーになっているようです。よく考えてみれば、これは当然のことでしょう。ゼロエミッションは、ゼロデフェクト、ゼロインベントリーに続く、第三のゼロイニシアティブなのですから。したがって、ここで本質的に大切なことは、ゼロイニシアティブの基本線というわけです。つまり、全員参加をベースにした小集団活動であり、改善活動であり、提案制度です。そして、共同作業をする際の人の和です。

また、一人ひとりの社員に対しては、8S思想の徹底がポイントになる、とリコー沼津工場の例では強調されています。8Sというのは、ローマ字がSで始まる八つのキーワードを遵守することです。それは、

整理、整頓、清掃、清潔、

しつけ、しっかり、しつこく、信じて

の八つです。私は、ゼロエミッションのためには、特に、あとの四つが大切と思います。ものを大切にするという「しつけ」と、分別回収が身についたものになる「しつけ」が大切です。またその「しつけ」は、「しっかり」完全に叩き込まれていることが必要でしょう。「しつこく」徹底的に教育し、実践させるまで仕込むことも大切です。最後に、この行為が地球を救うのだ、あるいは未来世代につけを回さない、と「信じて」行うことが大切です。

私は、このような日本人の心がけの実践を見るとき、日本の環境経営は欧米に勝る素晴らしいものになるに違いないと信じることができます。なぜなら欧米の生産性の会議に参加すると、今でも「ショウシュウダン」、「カイゼン」、「ワ」といった日本語が飛び交っています。生産性向上に関する日本の手法は、今でも世界のスタンダードなのです。ゼロイニシアティブにとってキーとなる、こういう手法を生み出した日本が、ゼロエミッションでも世界のリーダーになるに違いない、と私は思います。

5.8 地域・他産業とのゼロエミッションクラスターづくり（12）

5.5で、ゼロエミッション社会では効率のよい循環、再利用をする、と言いました。その意味を分析してみると、次のようになります。

第一に、世の中で真に必要とするものを、必要とされる数量だけ作り出すことです(必要性の原則)。リサイクルには、エネルギーやコストがかかります。世の中で必要としないものをリサイクルの結果作り出すとしたら、これはエネルギーやコストの無駄遣いです。また必要なものでも、むやみにたくさん作って余らせてしまうとしたら、これもエネルギーとコストの無駄遣いです。

第二に、循環、再利用する際のエネルギー消費は、そうでない場合、つまりすべて新しい材料から作られる場合より少ないこと。せっかくリサイクルするわけですから、その際のエネルギー消費は、まったく新しい材料から初めて作られる場合のエネルギー消費より少なくなければ意味がありません。これをリサイクルにおける「エネルギー節減の原則」と言います。

第三に、循環、再利用する際のコストは、循環、再利用でない場合、つまりまったく新しい材料から初めて作られる場合より低いこと。せっかくリサイクルするのですから、その際のコストは、より安くなければ意味がありません。これをリサイクルにおける「採算性の原則」と言います。

以上、三つの原則の内で「エネルギー節減の原則」を満たさないときには、将来、技術が進歩してこの原則が満たされるようになるまで、リサイクルを見送ることをすすめます。その間は、この廃棄物を地上資源という形で温存しておくことです。

一方、エネルギー節減の原則は満たしているが、採算性の原則を満たしていないというケース

は起きがちです。この場合にやることは、

(1) エネルギー節約、つまりCO_2発生量の抑止はできたのだから、そのコストアップ分をCO_2発生の抑止料、あるいは抑止した量と同量のCO_2を固定するための費用と割り切るのが第一です。

(2) しかし、いつまでもそう言ってはいられないので、技術者に要請してコストダウンのための技術開発を行わせることです。CO_2を減らすためにコストを上げるのだったら、二流の技術者でもできる。コストを変えないでやれるのが本当の技術者です。ここは、技術屋の存在価値の見せ所、腕の見せ所だと励ましてやることです。

(3) もう一つのやり方は、まったく別のリサイクル先を考えることです。当社の廃棄物をいちばん必要としている産業を見つけて、そこに持ち込むことです。そこでは、当社の廃棄物を廃棄物でなく、原材料として受け入れてくれるはずです。必要なところに納入することがコスト的に最もよい処理方法です。これをゼロエミッションでは、産業クラスターをつくるといって、経済的に最もよい処理方法として推奨しています。

(4) どの手段も、すぐには期待できないならば、解決手段がみつかるまで、エミッションを地上資源として温存することになります。

6 phase・Ⅲ 全社段階(前段階)

ｐｈａｓｅ・Ⅲで環境経営は、いよいよ全社段階に拡がります。今までは工場だけだったゼロエミッションも、いよいよ研究開発部門、管理部門といった経営の中枢から流通・販売部門にまで及ぶことになります。

6.1 全社でISO14001の取得（15）

当然ながら、第一番目にやることと言えば、これらすべての部門にＩＳＯ１４００１に従う環境マネジメントシステムを導入し、外部機関の審査を受け、認証を取得することです。前にも書きましたが、ＩＳＯについては、外部の監査を受けることが絶対に必要です。ＩＳＯによるマネジメントシステムが自己流にならないように、キーポイントがおさえられるように、甘さや甘えが出ないように、慣れてダレないように、内容をよく調べない押印で処理されないように、必ず手続きを踏んで行われるように、等々、外部の熟練した冷徹な目で見てもらうことが絶対に必要です。取締役会にも、監査役会にも、外部の人を多数入れているではありませんか。外部の目は、監査にも、創造にも必要だからです。

6.2 将来を予測した自主規制（14）

企業と環境との関係で、経営者が注意しなければならないことは、「後追いは高くつく」ということです。

これは、私自身が、かつて苦い思いで体験したことです。そのことの起きる数年前に、トリクロロエチレン等の有機溶剤が規制の対象になりました。発ガン性があるということだったと思います。トリクロロエチレンは、レンズの表面の洗浄に素晴らしい効果を見せるので、以前からレンズ工場では使用されていました。規制の対象になってからは、その保管や使用状況に万全の注意を払うようにしました。

ところが、何か所かあったレンズ工場の中の一つに、他社の古いレンズ工場を買収したものがありました。その土壌に、有機溶剤がしみ込んでいることが判ったのです。これが、地下の水脈に到達したら大変です。すぐに工場の操業を中止して土壌の浄化をすることにしました。土を掘り起こして、順番に熱処理することになりました。これには時間がかかるので、結局その工場は閉鎖し、製造設備はすべて近くの工場に移しました。費用もかかりました。土地の価格と同じくらいの費用がかかったと記憶しています。

私どもの反省は、有機溶剤に発ガン性があると発表された段階ですぐ処理してしまえば、こんなに汚染は拡がっていなかったのではないかということでした。つまり環境においては「後追いは高くつく」ということです。

経営の中枢にまでＩＳＯ１４００１が及んだ段階で、経営トップは自社、または子会社の工場、事業所の末端にまで目を届かせて、将来規制されるような環境負荷が見逃されていないか、あるいはその処理が甘く行われていないかを厳しい目でチェックすべきです。有名な大会社の工場で、今でもしばしば土壌汚染発見の新聞記事に会います。あなたの工場にそのようなことのないよう、万全を期してもらいたいと思います。

ＩＳＯの審査員は、審査の段階で、土壌汚染はありませんか、と必ず尋ねるはずです。その時、漫然と「ありません」と答えるのではなく、本当にないか試掘してチェックしてみることをすすめます。このことは、土壌汚染に限りません。環境規制のあらゆる面で将来を予測した自主規制を行っておくべきです。

6.3 エコデザイン／ゼロエミッションデザイン（13）

全社段階の環境経営に移ったとき、企業はバリュー・チェーン（Value Chain）の初め、研究開発から姿を変えていくべきです。

環境経営への移行は、時の流れです。時の流れには、先行しなければ競争に勝てません。時の流れに乗らなければ、はじめから競争に脱落するわけですが、時の流れに乗る程度であれば他のコンペティターと同じです。競争の資格を得た程度で競争には勝てません。ここでも、私の体験を話したいと思います。

私が、環境経営ということを真剣に考え始めたのは、一九六〇年代初めのことでした。当時、私はレンズ設計者として新しいズームレンズを次々に創り出し、その設計理論で学位をもらったところでしたが、私自身はこの辺でレンズ設計を卒業して、それ以外の何かがやりたいと考えました。またキヤノンも、カメラの市場はいずれ飽和状態に達するだろうから、カメラ以外の何かに進出しておかないと大きく伸びなくなるのではないかと考えて、自ら志願して、新しい製品の研究をする部門を作って、その長にしてもらいました。そこで私どもの考えたことは、新しい複写機を創ろうということでした。

当時、複写機と言えばゼロックスでしたが、それは一社(それも大会社)に一台と言われるように、大きくて高価なものでした。私どもはもっと小型に安くして、せめて一課に一台というようにしたいな、と考えました。しかし調べてみると、ゼロックス機は特許で十重二十重に守られていることが判りました。ちょうどその頃、ボストンにあるアーサー ディー リトル(ADL)社という著名な調査会社から、複写市場に関するレポートが出ました。それを見ると、結論は、ここ一〇年、二〇年の間は、ゼロックスに脅威を与えるようなコンペティターは現れないだろう、というものでした。

理由の第一は、私どもの調べたように特許の網でした。第二は、新しい複写機の仕組みが大変複雑で、不安定だったために、この機械には定期的な事前サービスと故障の時の緊急サービスが必要でした。しかし、そのつどサービス料を徴集するのはむずかしいと考えたのでしょう。

機械をお客様に売り切ってしまうのでなく、レンタル方式という設置方式を採っていたのです。つまり、機械の所有はゼロックス、お客様にはお貸しするという形です。そして、一枚コピーをとる毎に、コピーチャージと称して決まったお金をもらうことにしてありました。逆に言えば、一枚いくらかのコピーチャージをもらえば、機械は、いつもいいコピーのとれる状態になるように、サービスマンが面倒をみます、また、感光ドラムや現像材料などの消耗品の取り替えも、修理の際に取り替えた部品にも一切の追加のお支払いは要りません、というわけです。このような方式をとると、複写機本体の所有権はゼロックスにあるわけですから、当然、毎年減価償却が行われて、その簿価は安くなります。後から参入するコンペティターの複写機が、ゼロックスと競争する時には、ゼロックスの安くなった簿価と競争することになります。だから新規参入のメーカーは、コスト的にゼロックスに勝てないだろう、というのがADL社の論拠の第二でした。

このレポートを前にして私どもは考えました。考えた末の結論は、

(1) 技術には限界がない。ゼロックスの特許によらない、別の方法が必ずあるはずだ、ということです。実際ズームレンズの設計では、私は次々と新しいタイプを生み出し、性能の限界を破ってきました。そして、新しい設計理論もつくりだすことができました。技術には限界がない、と考えたのは、私どもの実績をふまえた確信だったわけです。

(2) もう一つは、もし私どもが技術の限界を破ることに成功したら、ゼロックスとキヤノンの二社独占になるだろうということでした。ＡＤＬ社のような権威ある調査会社が出した結論に、私

どものコンペティターは必ず従うだろう。だから、他に競争メーカーは出てこないだろう。

以上の二点が、私どもの結論でした。そして私どもはゼロックスを越す技術を創り出すために、その機械をよく調べました。ここで私どもが、まっさきに気がついたことは、その感光ドラムの構成でした。それは、金属のドラムの上にセレンという重金属の半導体を蒸着したものでした。当時、すでにセレンという材料は、劇物に指定されている危険な金属でした。このような劇物が、むき出しのまま使用されているのはよくないのではないか、と考えました。このセレンの表面は、コピーをとる毎に現像剤やクリーニング材料で擦られるのですから、セレンの粉が複写紙に付着して、人の手や口に入ることもあるのではないか、ということです。ちょうど当時、『ネイチャー』という学術誌上に同じような心配が投稿されているのを見て、私どもはここを直すことを試みました。

当時は、まだ光半導体として重金属しか知られていませんでしたから、これを使うのはやむをえないとして、危険防止のため、これを透明なポリエステルの幕で覆ってしまい、重金属を隔離してしまおうと考えたのです。ところが、ポリエステルは絶縁体ですから、私どもの感光ドラムでは、ゼロックスと違って光半導体が表面にないことになりました。したがって当然、感光ドラム上に電気的な潜像をつくる方法がゼロックスと変ってきました。こうして私どもは、ゼロックスの基本特許を使わないで複写機をつくることができたのです。

そのうえ、私どもの感光ドラムの表面には、ポリエステルフィルムという硬い機械的な保護層が貼られているようなものだから、現像、転写、クリーニングのいずれの工程でもゼロックスに比べて、直截、単純で最良の方式を採用することができ、画像性の改善、機械の大きさおよびコストの低減に成功しました。

以上、要するに旧方式の環境負荷改善に着目することによって、新しい事業に参入することができたのです。新しい異質(差別化)競争に参入することができたのです。

一九六〇年までさかのぼる必要はありません。今でも、環境負荷改善には新しいチャレンジが一杯あります。エコデザインは、今までみんなが考えてこなかった新しい社会デマンドです。新しい社会デマンドに合致する製品は、必ず売れるようになります。そして新しいチャレンジでは、必ずや「先んずれば人を制す」です。特許を先にとって、自分の領域を確保することが大切です。エコデザインでも、先手必勝を信じることです。

6.4 製品のゼロエミッション、製品のライフ・サイクル・バリュー(LCV)の追求(15)

前節では、エコデザインで先行することを強調しましたが、それでは何を目標にエコデザインを進めるべきかについて話します。

エコデザインされた商品を売り出すときに、この商品がどんなに環境に対してよい影響を与えるかを強調することは大切ですが、冷静に眺めてみると、そのことに集中しすぎていて、肝心な商品機能や性能の訴え方が足りないような気がします。環境によいだけで買う客は少ないと思います。客は、その製品の全体像を見て買うはずです。そこで、私どもが提唱しているのは「商品のライフサイクルを通しての価値」で顧客に訴求すべきではないか、ということです。つまり、LCVを考えたものづくりをすること、これが真のエコデザインであると思います。

製品のLCVは、以下の三つの要素から構成されます。

・第一は、市場価値です。

製品の機能、特長、価格、納期などで構成されるものです。

・第二は、環境価値、あるいは地球価値です。

私は、エコデザインに際しては、必ずライフ・サイクル・アセスメント(LCA)を行って、エコデザインの効果を確認すべきだと思います。

そのデータから、たとえば

製品のライフサイクルを通じて消費される資源、エネルギーの削減度

製品のライフサイクルを通じて自然に与える悪影響の削減度

製品のライフサイクルを通じて消費される資源、エネルギーの非枯渇化度

などを価値として抜き出します。

・第三は、社会価値です。

その製品の社会文化的存在度、たとえば画期的な発明による最初の製品かどうか、永久保存したくなるような歴史を刻んだ商品か(モニュメント的な建造物など)、

循環型社会適性の有無、たとえば初めての、あるいは先導モデル的な機能販売システム、製造業のサービス業転換におけるシンボル的商品かどうか。

ＬＣＶという評価尺度は、一九九七年に(社)日本工学アカデミー地球環境専門部会のＬＣＡワーキング・グループで、ＬＣＡの不足点を補う新しい製品の評価尺度として提唱された概念ですが、その後、企業価値の評価尺度としても、同様の提案がダウ・ジョーンズ(ＤＪ)社からなされています。ＤＪ社によれば、企業のサステイナビリティは、その経済的側面、環境的側面、および社会的側面から測られるとしています。企業の評価がそうだとすれば、その企業の作り出す製品の評価も同様の観点からされるのが至当であると思います。

6.5 (例1) テトラパック製紙容器のＬＣＶ

テトラパックの紙容器は、牛乳、ジュース、茶など、液体食品用の包装材料です。今から約五〇年ほど前に、牛乳びんに代わる包装材料はないか、というスウェーデン政府の呼びかけに応じて創り出されたもので、日本にも三〇年以上前に導入され、学校給食用の四面体のものが著名になりましたが、写真1のように大分けして四種類の紙容器があります。

手前のテトラ・クラシックが学校給食用として導入されましたが、今では殆ど姿を消しました。現在は、テトラ・ブリックとテトラ・レックスが主体です。テトラ・レックスは、上部が屋根型をしているので屋根型容器と言われています。主用途は牛乳用です。一方、テトラ・ブ

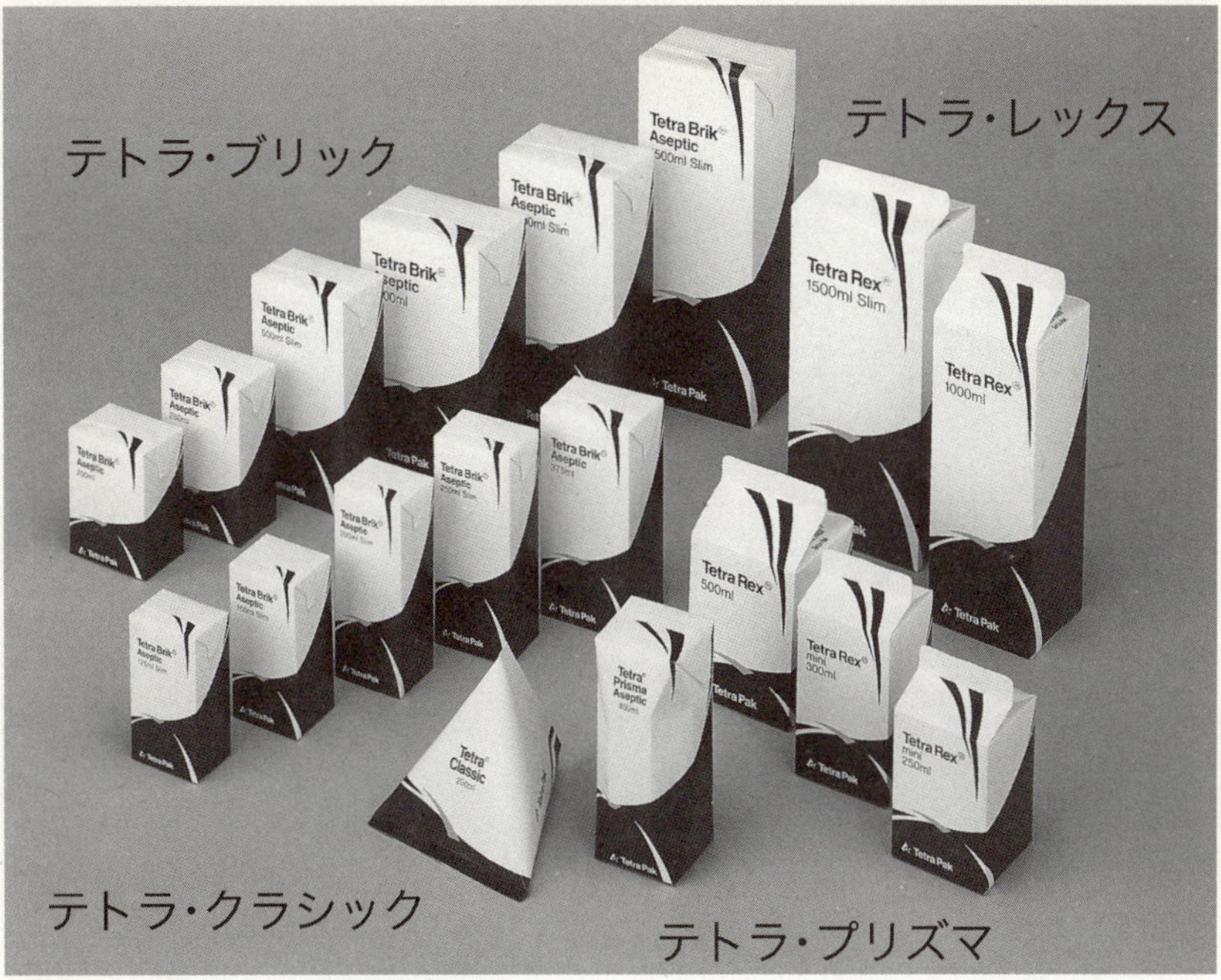

写真1　テトラパックの紙容器例

リックは、長方形で主としてジュース、お茶、コーヒーなどの液体食品を扱います。テトラ・プリズマは、テトラ・ブリックの変形で、四隅を凹ませて手で持ちやすくしたものです。

包装材としては、紙にポリエチレンの薄いフィルムをラミネートして液体の滲入、滲出を防ぐタイプと、さらに内面のポリエチレンの層の間に薄いアルミ箔を封じ込んだものと二種類です。アルミ箔を包み込んだものは、日光や酸素の浸入が阻止され、そのうえ内容物の香りの脱出も防ぎますので、常温下の長期保存に適しています。このタびを行なった呼び方をしています。

それでは、テトラパック製紙容器のＬＣＶはどのようになるのでしょうか。

(1)　まず市場価値ですが、

①　第一に包装材料として軽いことです。同じ容量の液体食品を包装するのに、ペットボトルではおよそ一・三倍、アルミ缶では一・三四倍、スチール缶では二・五倍、びんに至ってはテトラ・ブリック・アセプティックの一九倍もの重さが必要です。

②　第二に形が四角であることです。丸型と違って収納面積に空きスペースが出ませんから、同じ面積でたくさん積めることになります。

この第一、第二の特徴は、運搬に際してのエネルギー消費もコストも、包装材料のなかで最小であることを意味します。

③　さらに、アセプティックタイプでは、常温保存性がありますから、冷蔵車、冷蔵庫に保存する必要がありません。

④　唯一つ液体飲料で現在包装できないのは、ビール、コーラのような発泡性飲料です。（泡の圧力によって変形するおそれがあります）

(2)　次に環境価値（図３）ですが、

①　まずエコデザインの第一歩「ライフ・サイクル・エネルギー消費を極小にすること」に

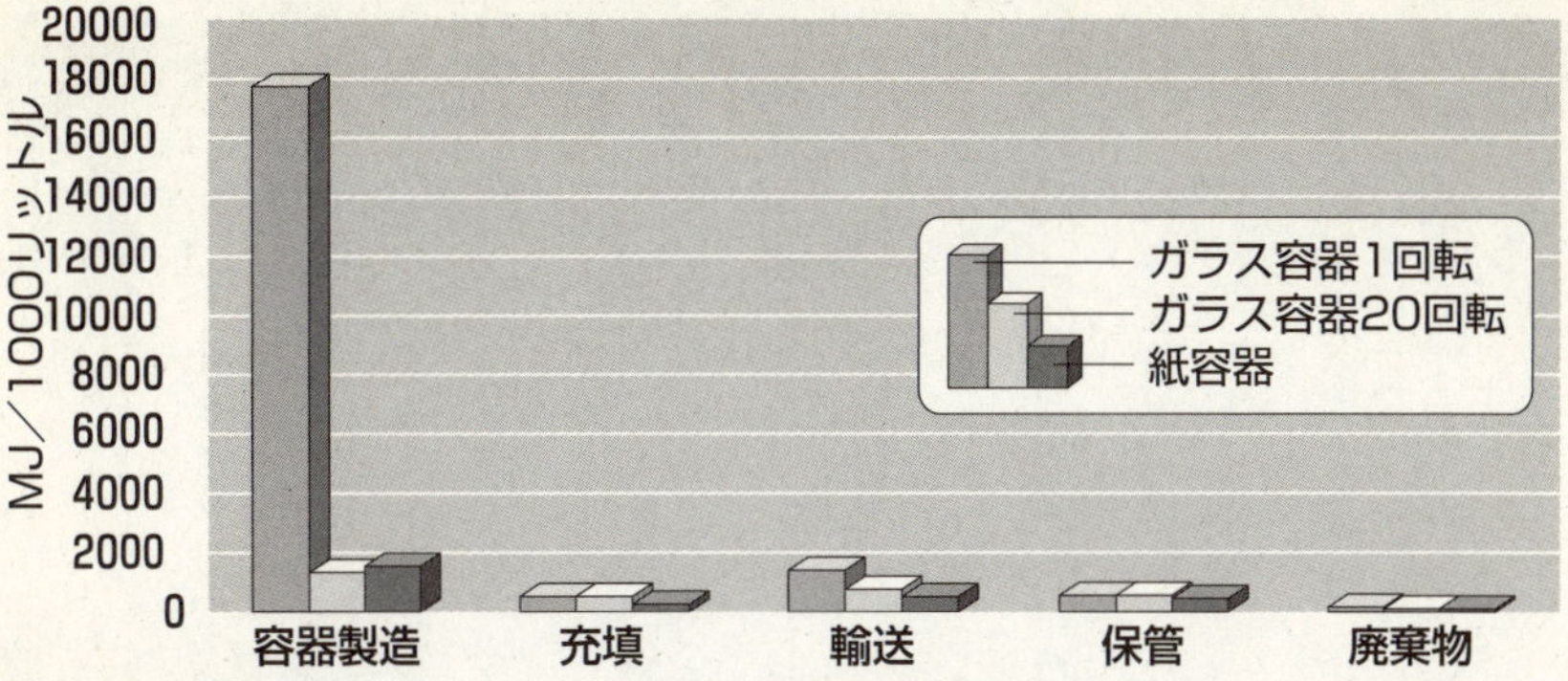

図3　牛乳容器のライフ・サイクル・エネルギー消費
(200mlガラス容器と200ml紙容器の比較)

*MJはMegajoule、メガジュールのこと。MJ／1000lとは、1000lの液体食品を包装する包装容器、つまり200ml容器5000個当たりのライフサイクルで消費されるエネルギー量を示す。

ついて調べてみると、紙容器はガラスびんを二〇回転させた場合(びんを回収し、洗浄再利用する行為を二〇回繰り返す場合)と同等です。これは、私どもが計算したデータですが、同様のライフ・サイクル・アナリシスがドイツ政府でも行われ、昨年(二〇〇〇年)の八月にその内容が公表されました。それによると、紙容器と再使用びんのライフサイクルを通した環境負荷は同程度ですが、その他の再使用されないアルミ缶、スチール缶、ペットボトルの場合の負荷は格段に大きいということでした。そしてこの結果に基づき、ドイツ政府(環境省)は、消費者に対し、再使用ガラスびんか、紙容器に詰められた液体食品を買うように、と推奨しています。

②　もう一つのエコデザインの基本は、非枯渇置換でした。テトラパックのアセプティックタイプの場合、使用する材料のうちおよそ六〇%が非

枯渇材料の紙です。非枯渇置換率六〇%も紙パックの環境価値の大きな指標でしょう。

③　使用済みの紙パックはアルミ箔のないものもあるものも、リサイクルの技術がひと通り完成し、回収、リサイクルが実施されており、現在はそのルートの拡大の段階にあります。紙と紙以外に分離され、紙は紙(トイレットペーパーやティッシュペーパー)にマテリアルリサイクルされ、その売価は新しい材料から作られた商品と十分競争できる段階にきています。一方、紙以外の材料は、ＲＤＦ(固形燃料：Residue Derived Fuel)としてサーマルリサイクルされています。

(3)　第三は社会価値ですが、

①テトラ・クラシック、テトラ・ブリック、テトラ・プリズマ等は、テトラパック社の基本特許群の下に創り出された独創的商品で、液体食品包装の分野で永く歴史に残る商品です。テトラパックは、液体飲料を紙パックの中からストローで飲むという食文化、生活スタイルもつくり出しました。

②液体飲料用紙パックの回収、再利用活動は、「捨てるのはもったいない」「集めて再利用しよう」という教育的立場からスタートして工業化されるに至ったもので、日本におけるリサイクル活動の口火を切った商品として尊いものです。

③原材料を供給する製紙会社の自社林管理は、完璧にサステイナブルであり、自然と工業の共生の好例として有益と思います。紙パック用の紙は、液体食品を包装するために腰が強い紙でなければなりません。したがって、長繊維のパルプを使った紙ということになります。つまり、

北米や北欧の針葉樹林が紙パックの故郷ということになるわけです。針葉樹は、五〇年で成木になります。ということは、それ以上成長しないので、CO_2を吸う量が少なくなるのです。一方、若木はすくすくと成長する過程でたくさんのCO_2を吸収してくれます。ですから毎年全体の五〇分の一ずつの成木を伐採して、若木を植樹します。こうすれば、森林全体の構造は維持されるわけです。五〇分の一を伐ると言っても、森に住んでいる生物のこと(生態系)を配慮して、いろんな山から少しずつ分散的に伐採するのです。また森の中を小川が流れている場合には、小川のまわりには豊富な生態系が存在しているので、その流域を避けて伐採するのです。しかもパルプに使う部分は、製材時の廃材や育林中の間伐材などの木材チップなのです。伐採された材木の中心部分、つまり皮の部分を削がれた中心部分は、柱などの建材や家具に使われます。

6.6 (例2) レーザー・ビーム・プリンタ(LBP)用カートリッジ(図4)のLCV

小型のLBPは、コンピューター用アウトプットプリンタとして世界中に普及しました。何が普及の原因かといえば、カートリッジ方式を採用したことにあると思います。そこで、カートリッジのLCVについて分析してみましょう。

(1) まず商品価値ですが、もともとLBPは、印刷方式として電子写真を使っているので、いい画像を保つにはサービスマンのメンテナンスサービスが必要な代物だったのです。サービスとしては、部品や感光ドラム、現像剤や廃トナーといった消耗品を取りかえること、帯電線やクリー

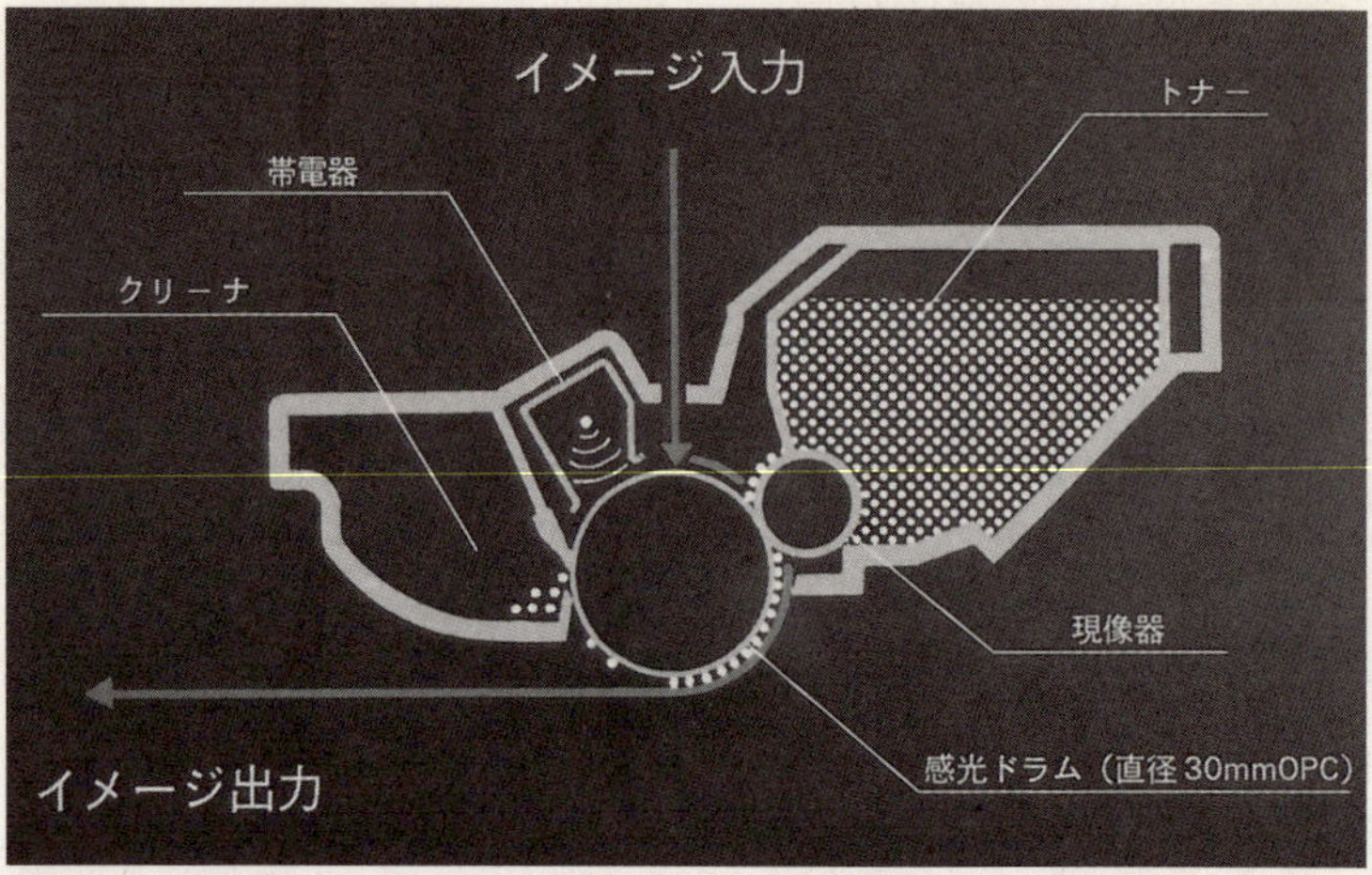

図4　ＬＢＰ用カートリッジ（キヤノン）断面図
＊ＬＢＰとは、レーザー・ビーム・プリンタの略

ニングブレードを清掃することなどがメインの仕事でした。

ところが、小型ＬＢＰは、コンピューターのあるところ、地球の隅々までが必要とする機械です。そんなところまで、サービスの手をのばすことはできません。それなら、サービスの必要な部分をすべて一つのカートリッジの中に入れておき、一定枚数のプリントが終わったら、お客様に古いカートリッジを取り出して、新しいカートリッジに入れ替えてもらったらいいのではないか、と考えました。つまり、カートリッジの採用により、サービスマンのメンテナンスサービス不要の機械ができたわけです。これによって、世界の隅々まで安心して売り込み、安心して使ってもらうことができるようになりました。

(2)　次に環境価値ですが、

①サービスマンによるメンテナンスサービス

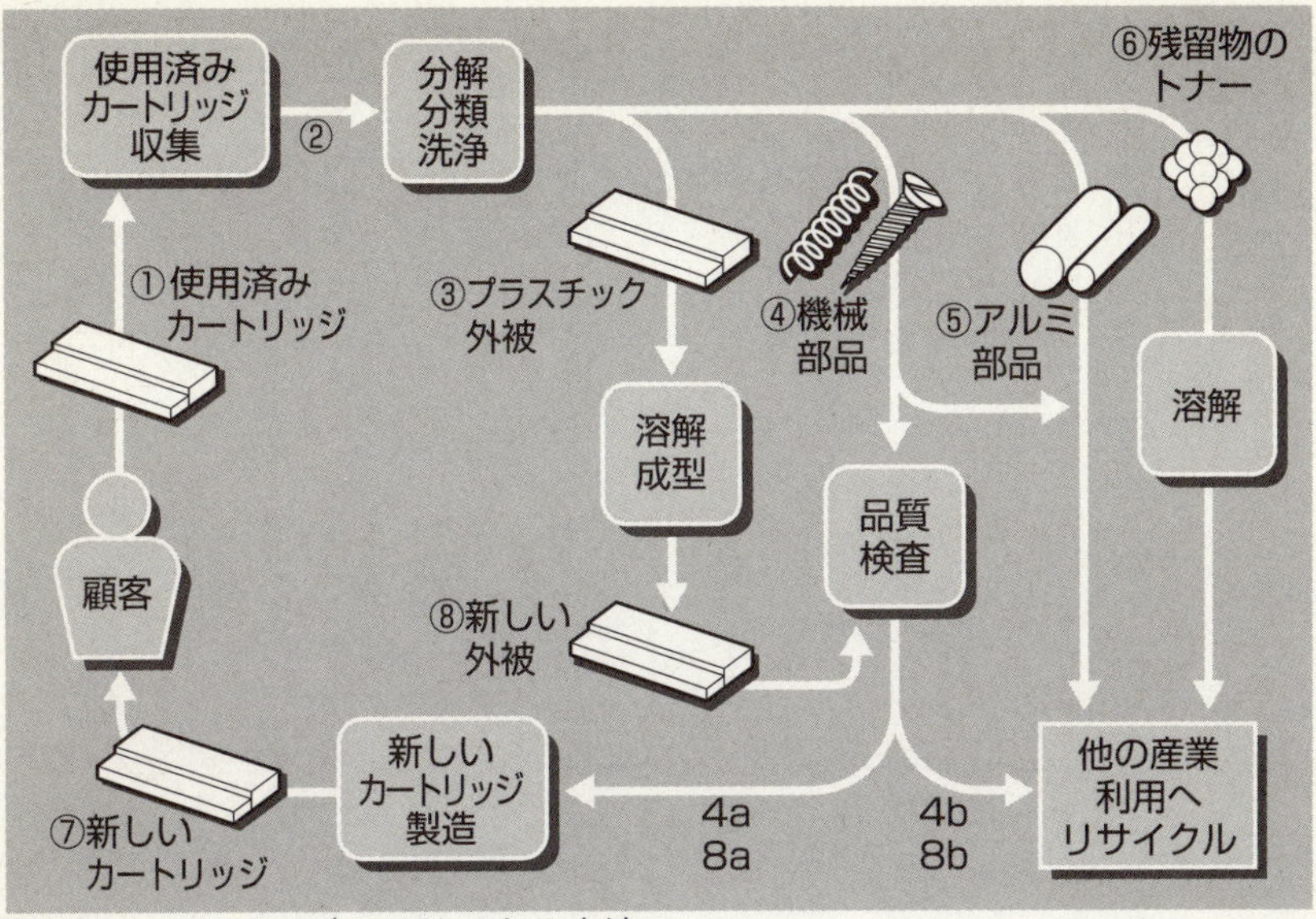

図5　カートリッジのリサイクル方法

が不要になったということは、サービスマンの移動エネルギーがゼロになったということです。大きな環境価値です。

②カートリッジさえ回収すれば、用済みパーツ、用済み消耗材料が一括して回収されるわけです。廃棄物の回収効率が高くなったこと、これがもう一つの環境価値です。

③次に実際のリサイクルは、図5のようにして行われていることです。まず使用済みカートリッジは、元の包装箱に収めた形でキヤノンのセールスマンかセールスオフィスの担当者に渡してもらいます。お客様にやってもらうことはこれだけです。

後は、すべてキヤノン側で費用も人手もかけて行います。回収されたカートリッジは、地域毎に集められた上でキヤノンのリサイクル工場に送られます。リサイクル工場では、カートリッジを部品に分解します。その上で、プラスチックの外被は、いったん溶解し、ペレット化します。これを新しい材料に混ぜた上で、モールドし直して新しい外被をつくります。ビスやスプリングのような機械部品は、洗浄した上で品質検査して、合格品は新しいカートリッジをつくるために使われます。ドラム用のアルミ材料は、インゴットにして別の用途に使われます。廃トナーは、油化して別の用途に使われます。このようにして、ほぼゼロエミッションのリサイクルが行われています。

④カートリッジのリサイクルの環境効率をLCAで調べてみると、カートリッジの完成までに発生するCO_2の量は、すべて新しい材料から作る場合には3kgC（CO_2の量をCO_2に含まれるCの量で表わしたもの）なのに、リサイクル材料を使った場合には2kgCで、約1kgCのCO_2が削減されていることが判明しました。

(3) 次に社会価値ですが、

①社会価値の第一は、リサイクルの際の当初のコストアップ数百円を、1kgCのCO_2を固定するのに必要な費用と割り切ってリサイクルをスタートさせたことです。当初は、リサイクル工場は中国一か所でしたが、現在では欧米にも設営し、その他の技術開発や熟練もありで、コストの問題は解決していると信じています。

②LBP自身も、キヤノンが一九七五年にアメリカのNCC（ナショナル・コンピューター・コンファレンス）のエクシビションで発表したのが、世界初のLBPだったわけですから、社会

的価値のある製品と言えます。小型、卓上のLBPは、半導体レーザーの初めての実用的な応用製品だったこと、カートリッジを使って商品価値、環境価値を高めた初めてのLBPだったこと、などから社会価値のある製品と言えましょう。またこの製品は、キヤノンブランドだけでなく、HP（ヒューレット・パッカード）ブランドなどを含めて世界シェアの七〇％に達し、あらゆる国、あらゆる分野の情報化に多大な貢献をした、という点でも大きな社会価値を具えています。

③カートリッジによってエミッションの一括回収、リサイクルが可能となり、きわめて早い時機（一九九〇年）に全世界に及ぶ回収、リサイクル活動を始めた、という点でも歴史的な社会価値があると考えています。その証拠としてキヤノンは、フジサンケイグループの環境大賞をはじめとして、GE社のアンコール賞、ナショナルジオグラフィック社の会長賞など、いろいろな賞の第一回の受賞者として輝くことになりました。

6.7 社員の環境活動を重点評価（15）

環境経営を成功させるためには、ISO14001の認証取得の過程でのトップの意志の宣言と、ゼロエミッション活動実践の過程でのゼロエミッション・イニシアティブの基本行動が大切である、と書きました。全社が環境経営に突入したこの段階で、もう一つ大切なことは環境活動を社員の評価に結びつけることである、と信じます。世の中は、真の能力主義の時代となり、社員の評価は成果主義評価が中心になる傾向です。とすれば、会社の社員に対する評価にも、経済面での成果のほか、環境面での成果評価を加えるべきでありましょう。会社の環境性能を高めるために貢献した人には、それなりの評価点を加点して、その先進的な努力に報いるべきでありましょう。

特に注意すべきことは、今の段階では、まだ環境成果と経済成果のベクトルが逆を向くことがありがちなことです。ちょうど研究開発で成果がでる前の段階、あるいは新事業開発の初期段階と同じと考えて、黙認してあげることです。必ず環境成果は、経済成果と同じ向きのベクトルに乗るようになると信じて、環境成果に対して加点してあげるのがよいと思います。それが、環境経営を重視するトップの意志の表現となります。

6.8 グリーン調達、ライフサイクル関連企業のISO取得支援(16)

この段階で、社外に対するボランタリーな活動で最も重要なのは、グリーン調達です。資材を調達するときには、環境経営をまじめに実践している相手からできるだけ調達してもらいたいと思います。「環境経営をまじめに実践している」というのは、どういうことでしょうか。グリーン調達するためには、調達相手および相手製品に対して何らかの基準を設けなければなりません。当然のことながら、基準の第一は、ISO14001の認証を取得していることでしょう。第二には、そのマネジメントシステムに従って、実践活動としてゼロエミッションを進めていることです。工場のゼロエミッションで一定の成果を得ていること、エコデザインでも成果を得ていることなどです。

私の経験を一つお話しします。ドイツのある都市でかなりまとまった台数の複写機の入札がありましたが、その際、私どもの複写機は、七%もコンペティターの複写機より入札価格が高かったのですが、私どもが落札できました。その理由は、私どもの西ドイツにある複写機工場が、ブルーエンジェルマークというエコマークを取得していたからでした。ブルーエンジェルマークを取得するには、工場とそこで生産される複写機が、かなり厳しい審査を受けて合格しなければならないのです。私どもは、それを取得していたために値段が高くても落札できた、というわけです。これがグリーン購買の真髄でしょう。まじめに環境経営をして行けば、選ばれる企業になれるということです。日本もそうなりつつあります。まず中央官庁では、機械設備を購入する際にグリーン購買しなくてはならないことになっています。この傾向は、地方自治体へ、さらには企業へと移行してくるでしょう。こういった傾向を先取りするためには、自社工場でつくる製品のライフサイクルの間に関係する企業のすべてに対しＩＳＯの取得を勧奨し、それを支援してやらなければならないでしょう。

7 phase・III 全社段階(後段階)

7.1 情報開示（17）

ＩＳＯ１４００１の認証取得からはじまって、工場ゼロエミッション、研究開発のゼロエミッション、グリーン調達と環境経営を進めてきて、この段階で経営中枢が販売部門とも組んでやるべきことは、情報開示であると思います。初めに述べたように、情報開示は、

(1) 環境負荷改善に対するトップの意志と責任の表明と、

(2) 環境派企業のイメージをアピールすることによりステークホルダー(利害関係者―株主、従業員、顧客、取引先など)に自社を選択するよう求めること、

この二つの面を持たせるべきと思います。

環境経営を志した以上、トップは企業の経営的側面と同時に環境的側面にも責任を持たなければなりません。こういう意志と責任の表明のできる企業でなければ、環境経営は絶対にうまく行きません。

しかし、環境的側面に留意すると、少なくとも初めのうちは経済的側面に負担のかかることも事実です。企業は、率直にそのことを世の中に訴え、環境派企業としての世間の認知と共感を得なければ引き合いません。私は、その意味でのエコマーケティングを大いにやることをすすめま

す。環境に熱中するトップを持った企業は、特徴企業としてそこに必ず共感を抱くファンができます。今までのいわゆる経営(経済的側面での経営)で、カリスマ性を持った経営者はたくさん現れましたが、環境経営でカリスマ性を発揮する経営者が大勢現れることを私は期待しています。

7.2 エコラベル表示(19)

エコデザインされた製品には、必ずエコラベルをつけて売り出すという方針を、その製品の計画の当初から考えておくべきです。エコラベルは、苦心してエコデザインした技術者に対する勲章であり、これを売り出す会社の誇りです。

前の章で、ドイツのブルーエンジェルマークの話をしました。ドイツでは、工場および商品にブルーエンジェルマークをとっておけば、入札価格にハンディキャップをつけてくれるのです。日本では、まだこれだけの効果はないかもしれませんが、いずれそうなります。

エコラベルは、ＩＳＯ１４０２０番台で三つのタイプに規格化されています。

(1) タイプⅠは、ブルーエンジェルマークのように第三者機関の認証によるものです。日本にもエコマークという表示がありますが、これもこの部類に入ります。

(2) タイプⅡは、企業の自己宣言によるものです。従来のように「環境にやさしい製品」といったあいまいなものでは駄目です。リサイクルを謳うならば、実際にリサイクルのルートが確立しているかどうか、さらには回収率、リサイクル率がどうかなど、実証的なデータがなければ駄目です。漫然と自己宣言をすると、裁判所に訴えられることもありえます。

(3) タイプⅢは、ライフ・サイクル・アセスメント(LCA)に基づくインベントリー分析の結果、つまり、原材料、消費電力、CO_2発生量などの定量的なデータシートです。

このうち私は、タイプⅢのデータシート方式を推奨しています。なぜならば、タイプⅠは第三者機関が強力な推進力を持って商品領域を拡大していくことが必要ですが、日本ではまだそこまでいっていないようですし、またタイプⅡは自己申告ですから、広汎な環境負荷のうち、ごく一部だけをとったいいとこどりになりがちで、消費者もそのあたりのところを心得ているので、効果は薄いと思えるからです。

私は、エコデザインに際しては、必ずLCAで効果の確認をすることをすすめました。せっかくLCAのインベントリー分析ができているのですから、その効果を包み隠さず、しかもわかりやすいように消費者に示すことです。これがタイプⅢの表示に他なりません。そこには、よくなったところも、改善されなかったところも、あるいはかえって悪くなったところもあっていいのです。これが、企業および技術者の良心の表明であり、今後の改善への意志と責任の表現なのです。

数値をたくさん載せても消費者にはわからないのではないか、といった疑問が寄せられるでしょう。確かにそうですが、工夫もあります。自社の以前の商品との比較を載せることも、その一つです。今、電機製品では、同一の製品ジャンルでランニングエネルギー消費(利用者がその製品を使用している間に消費されるエネルギー)が最低の商品に、トップランナーのタイトルを与えていますが、これなどを注記に付け加えてもよいでしょう。

またそのうちに、タイプⅢの表示を分析して消費者に解説したり、コメントをつけたり、さらには推奨する雑誌(『暮らしの手帖』のような)も出てくるでしょう。そういった雑誌が出版されるためには、各社にタイプⅢ表示をこぞってやってもらうことが必要です。幸い複写機について、一昨年キヤノンがタイプⅢの表示で先鞭をつけたら、他のコンペティター各社もそれに倣ったということです。解説雑誌、解説記事の出るのも大切ですが、タイプⅢ表示は、エコデザインに対しての貴重な技術資料としても大切です。(図6、7)

最近、複写機業界では、第三者機関の出した、(1)　共通指針に基づきデータを算出し、(2)　その機関の認証を受けた上で、(3)　共通形式によりデータを開示する、という試みが行われています。これによって、(1)　データの客観性が確保でき、(2)　製品や企業間の比較がしやすくなった、としています。しかし現在の段階では、商品機能と環境負荷の関係など、まだ解りにくくて、ユーザーが選択のために使うには、もう一段の工夫が必要だと思います。しかし大変いい試みなので、是非ユーザーの立場に立った改善が望まれます。

7.3　環境報告書（19）

昨今、日本の大企業にとって、環境報告書を出すことは、当然のことになってきたようです。

製品環境宣言

Product Environmental Aspect Declaration

JEMAI

製品環境宣言/PEAD
No. 00001
2001.05.09
この製品の定量的環境情報は
下記のURLで公開しています。
http://www.jemai.or.jp

デジタル複写機

MEDIO GP405

複写速度・画質
- 40枚/分(A4ヨコ)の高速コピー
- 1,200dpi相当×600dpiの高画質コピー

両面複写
- スタックレス方式の自動両面機能

自動原稿送り
- 自動両面原稿送り装置の標準装備

最大原稿サイズ
- 最大原稿サイズA3対応

大容量給紙
- オプションの「サイドペーパーデッキ-B1」、「2段カセットペディスタルS1」装着で、最大5,550枚の大量給紙

Canon
http://www.canon.co.jp
キヤノン(株) LCA推進室
TEL　03-3758-2111
FAX　03-3757-8208
Email　ecoinfo@web.canon.co.jp

写真の2段カセットペディスタル、サドルフィニッシャー、サイドペーパーデッキは、オプションです。

◆ 使用・消費ステージの5年間の電力消費量は2,278.5kWhです。

◆ 製造から使用後の廃棄までのライフサイクルでのCO_2排出量は1,371.6kgです。

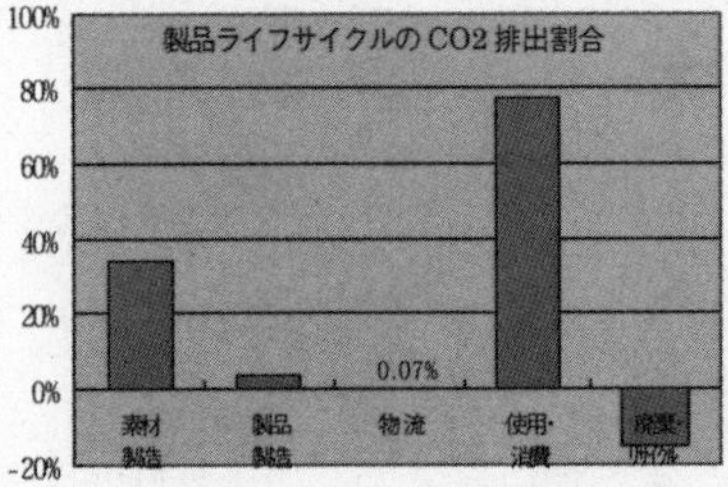

◆ 使用済み製品の土壌への排出量（埋立、焼却)は、0.08kgで、製品質量の0.08%です。

※宣言の詳細は、後に続く3枚のシートを参照して下さい。

定性的環境関連情報
- 再生プラスチック部品を使用
- リサイクルプログラムにより、リユース(再使用)・リサイクル(再資源化)の実施
- 含有有害物質の不使用
  - ➢ 全構成部品に特定臭素系難燃剤(PBB,PBDE)不使用
  - ➢ 外装プラスチック・外装箱に重金属(Pb,Hg,Cr(VI),Cd)不使用
- 国際エネルギースタープログラムに適合
- エコマーク(複写機)認定取得
- ISO14001認証取得工場で生産

図6　製品環境宣言

カテゴリー別影響評価データシート

製品分類	静電式複写機		製品型式	キヤノン　MEDIO GP405		
製品単位	1	(個)	製品質量	103	(kg)	

＼	機能項目	数値	単位	補足説明
主	複写スピード	40	枚/分	A4ヨコ送り
副	両面複写	有		
副	自動原稿送り	有		自動両面原稿送り　標準装備
副	最大原稿サイズ	A3		

境　界	製　品	本体	ドラム・トナー	包装材	取説本等	

環境負荷項目＼ライフサイクルステージ			等価単位	製造		物流	使用・消費	廃棄・リサイクル	合　計
				素材	製品				
消費負荷	エネルギー		MJ	8.18E+03	8.26E+02	1.31E+01	2.55E+04	−5.19E+03	2.94E+04
	資源消費	ｴﾈﾙｷﾞｰ源(原油)	kg	1.57E+02	1.86E+01	2.90E−01	4.23E+02	−8.35E+01	5.15E+02
		鉱物資源(鉄鉱石)	kg	3.35E+02			2.73E+01	−1.26E+02	2.36E+02
環境排出負荷	大気へ	温暖化(CO_2)	kg	4.80E+02	4.95E+01	9.25E−01	1.13E+03	−2.74E+02	1.38E+03
		酸性化(SOx)	kg	7.03E−01	5.87E−02	1.10E−02	1.45E+00	−4.67E−01	1.75E+00
		ｵｿﾞﾝ層破壊(CFC11)	kg						0.00E+00
	水域へ	富栄養化(ﾘﾝ酸塩)	kg	6.32E−02	3.97E−03	1.84E−03	1.07E−01	−3.79E−02	1.38E−01
	土壌へ								

【データの表記方法について】


上記表に記載されている数値は、%表示の部分を除き有効桁数3桁の指数表示となっております。

その読み方は以下の通りです。

〇. 〇〇E+〇〇

→ 指数部分；例　+02は10^2、−03は10^{-3}を表します。

→ 3桁の有効数値部分

従って具体的には；7. 23E+01=7. 23×10=72. 3
4. 32E−03=4. 32×0. 001=0. 00432　と読んでください。

【解　説】

1. 本シートの数値は、タイプⅢ環境ラベル(JEMAIプログラム)用特性化係数を用いて算出しております。
資源消費負荷カテゴリー：括弧内の物質に換算した、資源、エネルギー源の枯渇へ影響する物質の総和(kg)
環境排出負荷カテゴリー：括弧内の物質に換算した、大気、水域、土壌へ影響する物質の総和(kg)
2. 製品質量には、本体と付属品類(感光体、トナー)が含まれます。(マニュアル、包装材は含まれていません。)
3. 本製品は、一成分現像方法を採用しているので、キャリアを使用しておりません。
4. 製造ステージ：鉱石等より材料を作る素材製造と、材料を加工・組立して部品や製品を作る製品製造より構成される。
素材製造ステージ(素材)：資源の採掘と輸送及び素材製造と輸送を含む。
製品製造ステージ(製品)：部品加工や組立、据付・施工を含む
組立については、各社および各製品で把握可能な範囲が異なるので、誤解を避けるために負荷を組み入れておりません。
弊社におけるこれまでの調査より、組立負荷は、全体の1%以下です。
5. 物流ステージ：製品をお客様に届けるまでの輸送および使用済み製品をお客様より回収して再資源化・廃棄するまでの輸送です。
弊社標準使用トラックとして、10tトラックを使用しております。

輸送距離は、静電式複写機PSCに則り、100kmとしました。
6. 使用・消費ステージ：お客様での製品使用に関わるもの全てを含みます。(但し、消耗品等の廃棄リサイクルは、廃棄・リサイクルステージに計上しております。)
つまり、製品の稼動電力だけでなく、カートリッジなど消耗品や定期交換部品の製造、輸送もこのステージに含まれます。

JEMAIプログラムの静電式複写機製品分類別基準(PSC)の規定に従い、使用条件として、クラス「中速2」を採用。

お客様の使用期間を5年、複写総枚数を48万枚、省エネ法(エネルギーの使用の合理化に関する法律)に定めるエネルギー効率より電力量を計算しました。

お客様が使用される5年分の感光体、トナーの製造、輸送に関わる負荷はこのステージに計上しました。

消耗品、定期交換部品の物流は輸送距離を100kmとし、4tトラック(1km)原単位を採用。
7. 廃棄・リサイクルステージ：お客様が使用後の本体、同梱付属品、梱包材および5年間に使用した消耗品、定期交換部品
トナーは、転写効率考慮して算出しました。
弊社指定業者にてリサイクル処理がなされていることが確認されている材料・部品で、処理負荷が把握できているものにつきましては、
再生等処理負荷を計上し、その材料製造に関わる負荷をマイナス計上しております。
8. 空欄は、算出した結果が0(ゼロ)であることを意味します。

図7　カテゴリー別影響評価データシート

業種によっては、中小企業でもきちんとした環境報告書を出しています。これは大変いい傾向です。環境経営を志した以上、その成果を公表することは大切です。しかし、まだレベルアップすべき要素がたくさんあるようです。

環境報告書に記載すべき事項としては、

(1) 最高経営者の環境負荷削減に対する基本理念、基本方針、基本目標
(2) 具体的な環境負荷削減への目標
(3) その目標に対する具体的な取組みと成果
(4) 環境対策と効果の財務的情報と評価、などで、これを、
(5) 一般に公表する目的で作成する

とされています。しかし、多くの会社でこの環境報告書は、すべての株主さんまでは配られていないようです。会社の資金を使って設備を整え、経費を使って実行するのですから、株主さんには見ておいてもらうべきでしょう。しかも、費用対効果の分析をした環境会計までつけるようになってきたので、なおさら株主さんに見てもらって、長期的に株式を持つ気持ちになってもらうことが重要と考えます。

また現状での報告書は、工場、事業所におけるゼロエミッションの報告書に近い内容です。エコデザインや流通、市場段階の分析が不足しているように思えます。これは、環境経営の進展状況を写しているとも思えますが、製品全体に対するエコデザイン製品の割合や、工場を出庫する

製品全体が、市場で消費するエネルギー量の推移などに及んでいくのが望ましい、と考えます。先へ先へと問題点を分析して、目標数値をつくって、公表していく努力が大切と思います。

グリーン調達の成果、工場ゼロエミッションの成果、エコデザインの成果など、必ずＬＣＡ分析で評価し、その結果を環境報告書に載せていくのが望ましいと思います。環境報告書は、エコラベルの精神に基づき、すべて実証的に記述するのが基本と思います。ムード的な表現、たとえば「環境にやさしい」というような表現は、ここでは全廃してほしいと思います。環境経営は科学的経営です。科学的経営には文学的表現は似合いません。すべて数字によって表現すべきです。

7.4 特定商品のリサイクル（18）および使用済み全商品の回収、リサイクル（20）

(1) 特定商品のリサイクル（18）

ここ二、三年の間に、循環型社会の形成に関する法律が整備されてきました。特に特定商品に対するリサイクル法が制定され、実施に移ったことは、日本にとって特記すべきことでした。容器、包装から家電、さらには建築資材にまで及びました。したがって、このような特定商品に係るリサイクルは、強制的対応の中に入れました。

①容器、包装に関しては、どのような容器も、一応リサイクルの技術はできあがっていますが、まだ問題が残っているようです。リサイクル技術ができても、実際にリサイクルができない、その大きな原因は分別回収が徹底されていないからです。同種のリサイクル技術が使えるものは、

一括して回収するよう業界内で話し合うことが大切です。その結果、流通や自治体の協力を得ることも大切です。消費者に徹底させることも大切です。

リサイクルに際してのLCA等の分析をきちんとして、5.8で指摘したような必要性、エネルギー節減、採算性の原則が満たされているかどうかチェックすべきです。また技術としては、材料の分離技術に一段の研究が必要でしょう。そして最終的にはどの包装形態を選ぶべきかについての見解が、ドイツのように明確に出されるべきでしょう。

②家電については、リサイクルの設備はできていますが、やはり問題が残っているようです。いちばん目立つことは、リサイクルを前提とした設計になっていなかったので、部品の段階にまで分解するのが大変だ、ということです。

本来なら、複写機のリマニュファクチャリングでなされているように、部品の段階にまで分解して、部品のリユースを積極的に考えるべきでしょう。有害な部分や高価な部分は取り出しているようですが、これはごく一部です。ぜひ早い機会に分解を前提とした設計に切り替えるべきと思います。分解まですれば、コストがかかってしようがないと思われるかもしれませんが、現に複写機でも、レンズ付きフィルム（俗に、使い捨てカメラと呼ばれている製品）でも完全に分解し、リユース、リサイクルをして、採算のとれた商売をしているのです。

また、家電の場合には、使用家庭から回収するときにリサイクル費用を徴集する仕組みにしていますが、これで不法廃棄の増えることはヨーロッパでの先行例からわかっていたことです。できるだけ早い時期に、新規購入の際の価格の中にリサイクル用の経費を含めた形に直すのがよいと思います。企業がこの金額を別途積立てし、これを運用していれば、将来インフレになったとき、リサイクル費用が高くなって積立金でまかなえなくて困る、というようなことは防げるはずです。むしろリサイクル技術の研究をして、安くリサイクルできるようにするとか、安くリサイクルできるような製品を開発する、などの努力をするきっかけとなるでしょう。

(2)　使用済み全商品の回収、リサイクル（20）

現在、法律化されていない商品分野でも、いずれかは網の中に入るでしょう。とすれば、今のうちからスタートしておくほうがいいでしょう。ＩＳＯ１４００１の中期目標の中に入れてスタートすることをすすめます。

工場ゼロエミッションが進むと、製品に使われている全部品、全材料のリサイクルが可能になります。これは使用済み商品の回収、リサイクルの後半の大切な部分ができたことにあたります。あとは、回収と分解だけです。

一方でエコデザインが進みます。このポイントは四つ。一つはエネルギー。機械の待機中および作動中のエネルギー消費をいかに減らすかです。もう一つは、部品。分解のしやすさ、再使用のための汎用性の付与です。三つめは、材料。有害物質を使わないこと、できるだけ同じ材料を使うことです。四つめは、機械的耐久性の付与です。こういう商品をつくると、市場にある機械をこの種の新しい機械に置き換えることは環境上大切なこととなります。

もっと言えば、われわれ日本人は、これまで世界の工場として、たくさんの機械を世界中に販売してきました。新しい機械は、環境上もっとよいものです。となると、われわれ日本人は、世界中に販売してきた機械を新しいエコプロダクトに置き換えていく義務があると言えましょう。環境を謳って機械の置き換えをする以上、置き換えられる機械は、やはりわれわれの手で回収して、リサイクルしなければなりません。

そして、この一貫した行動は、世界のユーザーの共感を呼び、新しいエコプロダクトへの置き換えに喜んで応じてくれるに違いありません。

8　phase・Ⅳ　発展段階

この段階は、今まで築き上げてきた環境経営を一段と洗練させ、発展、飛躍させる段階です。

8.1　環境会計（21）、外部監査導入（23）

まず第一は、環境会計の高度化です。7.3でも書きましたが、環境対策を進めるにあたっては、会社の資金を使って設備投資を行い、会社の経費を使って実行するので、きちんとした費用の把握はもちろんのこと、環境に与える効果も金額に換算して、両者を対比する形で表示することが必要でしょう。

この結果は、企業のステークホルダー、つまり株主さん、投資家、従業員、取引先、お客様にきちんと示すべきです。達成できた環境負荷の改善がいくらに当たるのかの換算は、同じ改善でも時と所によって違うのでむずかしいものですが、およその標準ができてきました。また、環境会計の監査をしてくれる外部監査人もでてきたので、外部監査を導入して、決算書類と同様の仕組みをとることができるようになってきました。

8.2 年間出荷商品のトータルランニングエネルギー削減（23）

環境経営の発展段階で、ぜひやっておかなければならないことが二つあります。その第一は、次のようなことです。一つの企業から年間に出荷される商品が、出荷後すぐ売れたとして、ユーザーのところで平均的な条件で使われた場合のエネルギー消費(待ち時間のエネルギー消費も含めます)の総和を前年より下げる、ということです。一つの企業というのは連結で考えるので、海外工場の生産分まで含めるわけです。

また、よく売れて生産台数が前年より増えても、この条件を緩めません。その場合には、エネルギー消費の大きな製品の比率を減らし、省エネ製品の比率を高めなければなりません。たとえば、自動車メーカーが燃費の少ない新車をいくらエコプロダクトと宣伝しても、他方で燃費の多いＲＶ車や大型車を中心に販売しているのでは、上の条件を満たすことはできないでしょう。この条件をクリアすることは、その会社の真の環境経営の試金石となるのです。

8.3 稼働中商品のアップグレードサービス（24）

環境経営の発展段階で、始めておかなければならないことの第二は、お客様のところで使われている自社商品の寿命や消費エネルギーや機能などを、アップグレードしてあげるサービスを始めることです。循環型社会では、いったん市場に設置した製品（ストック）を大切にし、なるべく永く使うようにします。永く使うためには、その製品の寿命を延ばしてやらなければなりません。

ところで、寿命には二種類の寿命があります。一つは、部品が機械的に摩滅し、疲労して寿命に達する、機械的／物理的寿命と呼ばれるものです。もう一つは、商品機能が古くなって買い換えたくなる場合で、これを機能寿命と呼びます。この機能の中には、燃費、ランニングエネルギー消費といった環境的な機能も含まれます。

機械的寿命を延ばすのは、機械の定期点検などを適時に行うことによって達成することができます。環境経営の発展段階で行うサービスは、新しいサービスです。それは、新しい機能を稼働中の製品に組み込んでしまうサービスです。これを可能にするためには、新しい機能は古い製品に組み込めるような形にまとめられていなければなりません。あるいは、元の機械は将来の新機能が組み込めるように十分のスペースを取って設計されていなくてはなりません。いずれも、エコデザインの重要なテーマです。場合によっては、元の機械をいったん工場に持ちかえって、新機能組み込みのラインに乗せてもよいわけです。

こういうことをすると、新製品の製造台数が減るので企業は儲からなくなるのではないか、という疑問が湧きます。しかし、今までは月々の生産台数で利益を上げていたのが、今度は今までに累積設置した台数で利益が上がるので、十分引き合うことになりましょう。

9 phase・V統合段階

9.1 サステイナビリティカンパニー(25)

環境経営の最終段階を統合段階と呼ぶことにしました。何を統合するかというと、私流に言えば、エコノミー(経済)とエコロジー(環境)とエシックス(良心)の三つのEの統合です。エコノミーは、もちろん企業の経済的側面、エコロジーは企業の環境的側面、エシックスは企業の良心的側面です。エシックスは倫理学ですが、私はもっと幅を広げて良心と言いたいのです。

この三つのEのうち、エコノミーとエコロジーの統合はphase・V発展段階で行われるでしょう。なぜならば、二一世紀の社会を環境保全型社会にしようというのは、今や全世界の合い言葉です。つまり環境改善は、二一世紀社会の基本的なデマンドです。基本的なニーズです。デマンドやニーズのあるところには、必ず需要があります。このデマンドやニーズを満たす技術の種は、まだ未熟かもしれません。しかし、ニーズのあるところ、これは必ず育って大きな果実をつけます。ですから、環境と経済は必ず統合してきます。

次は良心ですが、もともと環境の改善ということは、人間の良心の発動によるものです。この一〇〇年間、科学の発達に伴い、われわれは物質的には豊かに満たされましたが、精神的には貧しくなり、人心はむしろ荒廃してきたと言えます。地球や自然の荒廃と軌を一にして、人心も荒廃してきたのです。これに輪をかけたのが、自由と競争を強調し、市場の勝者を最高と崇めた市場経済だと思います。環境を考えるとき、この市場経済は見直しを余儀なくされます。なぜなら地球が有限で、今までのように資源を湯水のごとく使ったり、自然を収奪したりできなくなるからです。経済活動には、地球環境という枠がはめられるからです。自由と競争に一定の枠がはめられます。地球の上に住んでいる人類全体のためを考えた枠です。このことは、今まで稀薄になってきた、人類愛、地域愛、隣人愛等に目覚めていくことにつながります。つまり環境問題は、人類がつくり出した悲劇でしたが、これが逆に人類愛復活のキーファクターとなるのです。

こう考えてくると、環境を考えることは、失われかけた良心を取り戻すことにつながり、エコノミー、エコロジー、エシックスの統合につながるものです。

同じようなことを、DJ社(ダウ・ジョーンズ社：『ウォールストリートジャーナル』の発行会社)は、次のように言っています。企業が長期的に繁栄するためには、つまり企業がサステイナブルな企業であるためには、経済的側面、環境的側面、社会的側面でサステイナブルでなければならない。したがって、この三つの側面で企業のサステイナビリティを評価し、採点することによって、長期的に投資可能な優良企業をリストアップする、ということです。

ＤＪ社は、以前から企業の財務パフォーマンスによって投資可能な企業を二〇〇〇社ほど選び、そのリストを発表していましたが、二年ほど前から、そのリストの中から、次のような条件でほぼ一〇％の会社を選び、毎年一〇月に公表することにしたのです。

・経済的側面では、当面の財務パフォーマンスより、より長期的な特性による評価尺度として、企業組織、企業統治、知的資本(知的所有権の質と量、Ｒ＆Ｄ投資額など)、品質マネジメント、ＩＴマネジメントの状況を選んでいます。

・環境的側面では、常識的な評価が行われています。

・社会的側面では、武器、弾薬事業が売上げの五〇％を越す企業は、はじめから除外されます。非合法取引き行為、人権侵害、労使紛争、大規模な事故等を引き起こした企業も除外されます。非合法取引き行為以下の事件を起こした企業は、たとえ一〇月にリストアップされていても確認した時点で除外されます。

これをＤＪ社は、ＤＪＳＧＩ(ダウ・ジョーンズ・サステイナビリティ・グループ・インデックス)と呼んでいて、昨年（二〇〇〇年）一〇月には世界で二三〇社余、日本で二四社がリストアップされています。このインデックスに載せられることを、ドイツでは大変重要視しており、私が訪問した企業でも、ドイツテレコム社では最初からリスト入りしている、ＢＭＷ社では自動車産業の中で当社が最高位だった、シーメンス社では今度のリストに載ることになった、と大変誇らしげに話していました。私は、経済的側面と環境的側面と社会的(良心的)側面が統合して実施され、実績を上げている企業になることが、統合段階の目標であると思っています。

9.2 サステイナビリティレポート（27）

サステイナビリティカンパニーを狙う企業は、アニュアルレポートとして経済、環境、社会の三側面での目標と実績を公表することになるでしょう。これは、今のアニュアルレポートに環境報告書を統合しただけでなく、社会的側面の報告書も統合したものです。サステイナビリティレポートについては、GRI（グローバル・レポーティング・イニシアティブ）でのガイドラインづくりの試みがなされており、これに従ってレポートを公表した企業もあります。

9.3 機能販売と計画的回収、リサイクル（28）

循環型社会を形成する一つの考え方は、ストック経済でした。もう一つの考え方は、サービス経済化です。これを推進するためのキャッチフレーズは、「製品の販売から機能の販売へ」です。これまでは、消費者は製品を所有するということで物質的に豊かになった、と満足していました。しかし実際には、その製品の機能を使って、それで満足していたに過ぎません。それだったら、製品を買うのではなくて、機能を買っても同じことです。製品を買うよりは一時的な出費も少なくて済むので、今までよりもっといろいろな機能を買って生活を楽しむことができるでしょう。この行き方は、Quality of Life―生活の質を楽しむ、あるいは質の高い生活を楽しむという、二一世紀社会の傾向とも一致します。

ところがこの考え方は、サービス型経済と結びつき、環境のためにもよいのです。「From product to function(製品から機能へ)」をキャッチフレーズに、機能販売の実験を始めた会社があります。スウェーデン企業のエレクトロラックス社といって、白もの家電(冷蔵庫、洗濯機、掃除機、調理機など)のヨーロッパナンバーワンのメーカーです。彼らは、電気洗濯機をお客様のところに設置して、その洗濯機能を有料で使ってもらうことにしました。その洗濯機には電力メーターをつけておき、使用電力に応じて料金を徴収することにしました。電力量がベースですから、使用量のチェックから料金の請求、徴集の実務は、電力会社にやってもらうよう委託しました。その結果、消費者(ユーザー)は、電力比例の使用料を減らすために効果的な利用(適量の洗濯)方法を考えるようになり、これは省エネにつながったわけです。

一方、メーカー側では、洗濯機に組み込んでおいた送信機を通じてユーザーの利用状況が逐一キャッチできるようになりました。それによって、メーカー側では洗濯機が故障する前に適確なサービスが行えるようになりました。これによって機械寿命を延ばすことができました。また適確な時機に、省エネや機能向上のための改善点を組み込み、常に最新の状態にもっていくことによって、商品寿命を延ばすことができます。機械に組み込んであるセンサーからの情報を調べることによって、いよいよ寿命の時期に来たことがわかったときには、一斉に回収してリサイクルします。同種製品なので、回収もリサイクルも効率的にできるのです。

その他、消耗品(洗剤等)の販売や、付属品の販売や、洗濯した後での衣服修理や保管サービスなど、洗濯機にまつわる各種サービスを行うことによって、事業の拡大を計画していきます。

9.4 排出権取引、共同実施、グリーン開発メカニズム(28)

これらは総称して、京都メカニズムと呼ばれるものです。例の京都議定書に採用された国際的なメカニズムです。これを環境経営の最後に持ってきたのは、このメカニズムに頼るのは最後の最後にしましょう、という意志の表示です。自ら厳格に環境経営を実施し、ゼロエミッションを実現するのが先だという考え方です。

以上、経営者の立場から、その経験を織り交ぜながら、環境経営の進め方についてお話してきました。ポジションマップの左上から右下へ、という環境経営の進路は変らなくても、各桝目の内容は業種によっても企業ごとにも変ってくるでしょう。自社の目的に合うように並べ変えてもらえればと思います。

このポジションマップは、自社のポジションをチェックしながら、目標に向かって進むのに適していると思います。これから環境経営を始めるという方には、おおよそこんなことを、こんな順序で進めればいい、と見通しをつけてもらうのに適していると思います。このポジションマップを活用して、ぜひ実践的な環境経営に成功されることを祈って筆を置きます。

図1　製造業におけるゼロエミッション経営のポジションマップ

環境経営 ＼ 環境対応		phase Ⅰ 初期段階	phase Ⅱ 工場・事業所段階		phaseⅢ 全社段階		phaseⅣ 発展段階	phase Ⅴ 統合段階
		・環境法務活動 (01)	・環境マネジメントシステム導入 (05)	・ゼロエミッション活動 (09)	・エコデザイン (13)	・情報開示 (17)	・環境会計 (21)	・サステイナビリティカンパニー（エコノミー、エコロジー、ソシアルの統合ミッション達成） (25)
強制的対応	環境規制対応	・環境法規遵守 (02)	・基準以上の自主目標 (06)	(10)	・将来を予測した自主規制 (14)	・特定商品のリサイクル (18)	(22)	(26)
自発的対応	企業内対応	・省エネ・省資源活動 (03)	・工場ISO14001の取得 ・環境教育の開始 (07)	・ゼロエミッション工場 (11)	・全社（開発・販売含む）ＩＳＯ１４００１取得 ・ＬＣＶ（商品・地球・社会価値の同時追求） ・社員の環境活動を重点評価 (15)	・エコラベル表示（ISO14025による） ・環境報告書 (19)	・外部監査導入 ・年間出荷商品のトータル・ランニング・エネルギー削減 (23)	・サステイナビリティリポート (27)
自発的対応	社会的対応	・ボランタリーな環境改善活動 (04)	・地域との連携活動 (08)	・地域・他産業とのゼロエミッションクラスターづくり (12)	・グリーン調達 ・ライフサイクル関連企業のＩSO取得支援 (16)	・使用済み全商品の回収・リサイクル (20)	・稼働中商品のアップグレードサービス（消費エネルギー・機能） (24)	・機能販売と計画的回収・リサイクル ・排出権取得 ・共同実施 ・グリーン開発メカニズム (28)